课外阅读课程化 快乐读书吧 经典名著

森林报

—名师解读版—

【苏】比安基 /著　　莫国夫 /主编

U0333727

浙江教育出版社·杭州

图书在版编目（ＣＩＰ）数据

森林报 ：名师解读版 ／（苏）比安基著 ；莫国夫主
编． — 杭州 ：浙江教育出版社，2021.11
（快乐读书吧）
ISBN 978-7-5722-0170-7

Ⅰ．①森… Ⅱ．①比… ②莫… Ⅲ．①森林—青少年
读物 Ⅳ．①S7-49

中国版本图书馆CIP数据核字 (2020) 第065690号

责任编辑 陈德元　　　　**美术编辑** 曾国兴
责任校对 董安涛　　　　**封面设计** 张玉洁
责任印务 沈久凌

快乐读书吧
— KUAILE DUSHU BA —

森林报 | 名师解读版
SENLIN BAO MINGSHI JIEDU BAN
【苏】比安基 /著　　莫国夫 /主编

出版发行 浙江教育出版社
　　　　　　（杭州市天目山路40号　电话：0571-85170300-80928）
印　　刷 武汉市新华印刷有限责任公司
开　　本 880mm×1230mm　1/32
成品尺寸 148mm×210mm
印　　张 4.5
字　　数 90 000
版　　次 2021年11月第1版
印　　次 2021年11月第1次印刷
标准书号 ISBN 978-7-5722-0170-7
定　　价 16.80元

如发现印装质量问题，影响阅读，请与本社市场营销部联系调换。
电话：0571-88909719

编委会

主编

莫国夫

编委

（以姓氏笔画为序）

丁圆伟	王铁青	孔垚丽	冯朱敏	朱丹蓉	李　萍
李　碧	吴森峰	吴锡珍	沈梦佳	陈　晓	陈大川
林志明	罗丹红	周　颖	周叶萍	郑　亚	钟玲玲
徐　萍	唐光超	黄　照	章锡军	葛龙玲	鲍丹丹
臧学华					

本册导读编写

葛龙玲

序

—— 多读书，好读书，读好书，读整本的书

阅读是一个人精神丰满和智力成长的重要源泉。阅读经历越丰富，越有利于其他文化学科的学习。"无限相信书籍的教育力量，是我的教育信仰的真谛之一。"著名教育家苏霍姆林斯基在其名著《给教师的建议》中指出，阅读可以丰富学生的精神世界，促进自我教育，开发培养智力，构建智力背景，减轻学业负担。养成阅读的兴趣，人们的终身学习能力才能培养起来。

阅读力是一个人的基础学力。《义务教育语文课程标准》强调："要重视培养学生广泛的阅读兴趣，扩大阅读面，增加阅读量，提高阅读品位。提倡少做题，多读书，好读书，读好书，读整本的书。"国家统编语文教材总主编温儒敏先生曾多次强调阅读的重要性，如："语文教学的本质还是多读书。""听说读写，哪个最重要？读最重要。"

为落实"立德树人"的根本任务，国家对语文、思想政治、历史三科课程实施"统编统用"政策，把"大量阅读"作为编写语文教材的重要理念，打造了教材阅读与课外阅读并进融通的"大阅读"体系。在教材中设置了"和大人一起读""快乐读书吧"等栏目，促使课外阅读成为课程和教材的有机组成部分。

这套《快乐读书吧》丛书，应统编小学语文教材的全面使用而生。丛书全面收录了"快乐读书吧"中要求学生阅读的经典书目，

并增补了部分经典作品。

为更好地推进课外阅读课程化，提升学生阅读兴趣，提高阅读成效，编者根据小学生阅读整本书过程中普遍存在的问题，有针对性地研制了一套契合小学生整本书阅读的助读系统。

如在正文中插入"小泡泡"栏目，通过适当地在正文中穿插批注，或点拨，或发问，或引发，引领小读者聚焦关键之处。在兼顾学生阅读连续性的同时，培养学生与文本进行主动对话的意识，这与教材提倡的阅读目标一脉相承。

又如"名师解读小书签"的设置，围绕一本书的阅读，通过若干书签进行阅读活动的创意设计，让学生在阅读中留有一些痕迹，同时还兼顾了班级阅读成果的展示与交流的功能，为教师组织学生进行整本书阅读活动提供了便利。

再如"写一写推荐词""粘贴阅读本书时的照片"的设置，充分体现了编者旨在通过整本书阅读，引领大家一起建设儿童阅读生活的前沿理念与实施策略。

这套书由知名特级教师、儿童阅读研究专家莫国夫老师担任主编，其主持的"儿童阅读力提升工程"曾入选"浙江省首批二十个教研工作亮点"。参与策划与编写的团队成员都是活跃在浙江各地的儿童阅读推广人，大多为特级教师、教研员、名师、名校长。这套书的出版，可谓是近年来浙江省整本书阅读推广成果的一次集中展示。

"三更灯火五更鸡，正是男儿读书时。"让学生在合适的时间遇上合适的书，引导学生在整本书阅读中学会阅读，爱上阅读，享受阅读的快乐！我想，这正是统编语文教材设置"快乐读书吧"的目的，也是出版社和名师们编写这套书的初衷。

滕春友，己亥年小暑子夜，于午潮山居

认识这本书

　　《森林报》这部名著是苏联著名儿童文学作家比安基的代表作。作者以轻快的笔调，采用报刊形式，按春、夏、秋、冬四季12个月（书中所使用的年历是森林历，有别于普通的年历），有层次、有类别地"报道"森林中的"新闻"，如森林中愉快的节日和可悲的事件、森林中的英雄和强盗等，将动植物的生活表现得栩栩如生、引人入胜。作者还告诉了我们应如何去观察大自然，如何去比较、思考和研究大自然。

　　《森林报》似一部百科全书，从千千万万的植物到各种各样的动物，应有尽有；它还是一本比故事书更有趣的科普读物，里面的动植物都充满了灵性。比安基既善于对自然进行细致的观察和如实的记录，又懂得把对自然的感受形象化、诗意化地表达出来，从而形成了他作为一位自然文学作家的独特风格。

　　《森林报》是一本有"爱"的书，书中流淌着对大自然的爱。读这本书，你将穿越都市钢筋水泥的屏障，和森林居民一起经历四季变迁，感受生命生生不息的美妙。

阅读小锦囊

　　打开书,我们很容易被作者优美的语言所吸引。确实,它不像一般的科普读物。准确严谨的知识介绍与诗意盎然的语言表达,是这本书最主要的两大特点。所以,为了更好地吸收这部名著的精华,我们可以关注这两大特点。

　　是的,在阅读过程中,看到优美的语言,我们可以将它画出来,多读几遍,直至熟读成诵。对于书中介绍的科学知识,我们可以用简洁的语言概括出来,复杂点的也可以用思维导图梳理出来。

　　除此之外,我们还可以结合书本中的导读展开自己的阅读与思考。读完这本书,可以翻开"阅读小挑战"考考自己哦!

【温馨小提醒】享受阅读的同时,别忘了保护自己的眼睛哦!

目录

春一月

导读

　　春姑娘迈着轻盈的脚步来到人间，她轻轻地呼出春的气息，冰雪开始消融，万物复苏。森林里的小动物们也随之苏醒，鸟儿们带回春的消息，松鼠探出了小脑袋……天南海北的春天都各就各位啦！请拿起你的笔，画出你最喜欢的语句吧！

分十二个月谱写的快乐篇章——三月

　　三月二十一日，春分日，白昼和黑夜等长。这一天，森林里的万物都在庆贺新年，此后，节令开始转向春季。

　　民间常说："三月是冒白气和滴水的月份。"太阳开始驱散严冬。地上厚厚的一层积雪正逐渐变得松软、多孔，不再像冬天

> 有人也将这句话译为：三月好，雪儿化，冰儿消。

这一自然段采用了"总分"的结构形式。第一句总写三月是好月份。接着分别从太阳驱散严冬、积雪不再冷硬、冰锥向下滴水、麻雀在水洼洗澡、山雀唱起歌儿等方面来描述。这种构段形式在此书中有很多，请你留意一下。

那般冷硬。屋檐上垂下一条条或粗或细的冰锥，晶莹的水滴沿着冰锥向下滴落……水流逐渐形成了一个个小水洼，街头的麻雀们便开开心心地在水洼里扑腾，洗去羽毛上在冬日里沾上的灰。花园里的山雀也唱起欢快的歌儿来。

春天是铁面无私的，严格地按照它的工作顺序工作着。它要做的第一件事情就是解放大地，让大地的身躯从一块块冰雪融化了的地方显现出来。此时河水和森林还在冰雪的覆盖下沉睡着。

按照俄罗斯的古老的习俗，三月二十一日早晨要烤一种小圆面包。这种面包的外形看起来就像是一只只黄雀，有一个鸟嘴，眼睛的位置安放着葡萄干。我们将在这一天放飞各种鸣禽，并且，按照我们的新习俗，爱鸟月也从这一天开始。

在这一个月里，孩子们将会在树上挂上数以千计的小鸟屋，包括椋鸟屋、山雀屋，等等。他们把灌木枝条绑起来，为鸟儿们做窝；为即将到来的可爱的小客人们准备免费食堂；在学校和各个俱乐部进行爱鸟报告的演讲，讲述它们是怎样保卫我们的花园、森林、田地的，以及我们应该如何保护它们。

在三月里，连住在台阶下面的母鸡都像喝醉了一样。

在三月里，什么让母鸡醉了？

首份林中来电

白嘴鸦带来了春天的消息

白嘴鸦带来了春天的消息。所有被冰雪覆盖的白皑皑的地面上，都出现了一群群白嘴鸦。

白嘴鸦在南方度过冬天，等到天气渐暖，再飞回北方——它们的故乡。它们在飞行途中不止一次遇到了强烈的暴风雪，许多白嘴鸦因体力耗尽而死在途中。

最先飞回故乡的是那些体力最好的白嘴鸦。它们已经完成了自己的飞行任务，正落在地上休息，悠闲地踱着步，用坚硬的喙在地上啄食。

白嘴鸦们飞回北方来真不容易，有些甚至付出了生命的代价。了解了这些信息后，不禁对它们肃然起敬。

一直笼罩着天空的阴暗的乌云消散了。一团团白色的积云从天边飘过来，宛如一个个大雪堆。野兽们产下了今年的第一窝幼崽。驼鹿和狍子顶着新长出的角，在树林里奔来跑去。黄雀、山雀和凤头鸡在树枝上唱歌。我们满心盼望地等待着椋鸟和云雀飞来，还在被人连根拔起的云杉树的根下发现了一个熊洞。我们准备在这里悄悄等候狗熊出洞。春天到了，森林里的

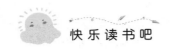
树都在不停地往下滴水，因为树顶的积雪正在融化。但一到夜晚，寒冷的空气就会把这些水重新凝结成冰。

雪地里吃奶的孩子

春天是动物们喜爱的季节，虽然田野里依旧是白雪皑皑，但兔子已经生下了第一窝小兔崽儿。

小兔崽儿们身上裹着厚厚的毛皮，一生下来就能看、会跑。它们吃了兔妈妈的奶之后，就会跳到灌木丛里，利用灌木和草丘把自己藏起来，一动不动，躲避鸱鹰和狐狸的袭击。

> 兔子这些动物生下来就能看、会跑，比我们人类厉害多了。还有哪些动物也是这样的？

一天又一天，在田野里到处蹦蹦跳跳的兔妈妈已经忘记了自己的一窝小兔崽儿。小兔崽儿却还在原地躲着。等到有一只兔妈妈从它们躲藏的地方跑过时，小兔崽儿们就会跳出去，向它要奶吃。

这可不是它们的妈妈，而是别人家的阿姨。等到喂饱了小兔崽儿，这位兔妈妈就一蹦一跳的，自顾自向远处去了。

兔子就是这样养孩子的：所有的小兔崽儿都会被认为是大家的孩子，而母兔无论在哪儿看到饥饿的小兔崽儿，都会给它喂奶，不管是自己的孩子，还是别人的孩子。

小兔崽儿出生八九天后，就开始用牙齿吃草了。

雪崩

森林里开始发生可怕的事——雪崩。

松鼠的窝搭在一棵大云杉的树枝上，一家人正在窝里酣睡。

突然，一团很大的白色雪团从树顶砸落下来，正好砸在松鼠的窝顶上。松鼠快速跳出了窝，可它新生的幼崽被留在了窝里。

松鼠立刻开始扒拉那团砸落下来的雪团。万幸的是，雪只压住了用树枝搭建的窝顶，铺着柔软苔藓的圆形内窝一点都没被压坏，松鼠宝宝们还在窝里呼呼大睡呢。这些松鼠宝宝刚出生，体型很小，像小老鼠一般，浑身光溜溜的，还没有睁开眼睛。

> 松鼠筑的窝真牢固，从树顶砸落下来的雪团砸中居然一点没坏！松鼠宝宝们好可爱呀，都想去摸摸它们光溜溜的身子了。

第二份林中来电

椋鸟和云雀已经飞来了，正立在森林的树枝上唱歌。

我们在狗熊洞边等了很久，却一直没有看到狗熊出来。我们甚至猜想：难道它被冻死在洞里了？

突然，洞口的积雪有了松动的迹象。

我们耐心地等待着，然而从洞里出来的并不是熊，而是另一种野兽。这种野兽的个头有一头大猪崽儿那么大，全身被毛

覆盖，黑肚子，脑袋上还有两道深色的花纹。

我们之前的判断错误，这个洞并不是熊洞，而是一个獾穴，从洞中出来的是一只獾。

这只獾已经结束了冬眠，每天晚上都跑出去搜寻食物，它的食物包括：蜗牛、蠕虫、甲虫以及一些其他的东西。

我们又在林子里搜寻了一会儿，找到了一个真正的熊洞。洞中趴着一只还在冬眠的熊。

河里的水漫到了冰上，在阳光的照耀和温暖空气的影响下，森林中的积雪正在崩塌。松鸡发出求偶的鸣叫，民间木匠——啄木鸟也开始勤勤恳恳地工作。

破冰鸟——白鹡鸰也飞来了。

平日里用来走雪橇的路因化雪而无法通行了，农民们只好坐马车出行。

阁楼上的居民

城市中心区的阁楼上，住着许多鸟儿。鸟儿们对自己的住处十分满意。它们觉得冷时，就将身子紧贴在炉灶的烟囱边取暖。鸽子已经开始孵卵，麻雀和寒鸦也在全城各地飞来飞去，收集筑巢用的麦秸秆和铺在窝里的羽毛。

鸟儿们只对这里的猫咪和小孩感到不满，因为他们经常拆毁它们的巢。

麻雀的骚乱

椋鸟的窝里传来了一片叫声和争斗声。绒毛、草屑随风飘落下来。

这是回到家的主人——椋鸟在驱赶抢占自己的窝的麻雀。椋鸟叼住了麻雀的后颈，把它们扔出去，随后将窝里的麻雀羽毛也都扔了出去，以免窝里留下麻雀的气味。

> 椋鸟宣示主权的方式真霸气！作者简直将它当成人来写了。

泥灰工正站在脚手架上做自己的工作——往屋檐下面的裂缝里抹墙灰。麻雀在他身边飞来飞去，不肯离开，甚至叫嚣着朝泥灰工的脸上扑过去。泥灰工挥动着铲子驱赶它们。他不知道，他正在糊的这条裂缝里，有一个躺着麻雀蛋的麻雀窝。

犯困的苍蝇

窗外出现了许多大苍蝇，它们都呈黄绿色，身上泛起淡淡的金属光泽，像是已到了秋天，一副昏昏欲睡的样子。它们现在还不会飞，只是用几只细长的脚支撑着身子，摇摇晃晃地在墙上爬来爬去。

苍蝇每天白天都爬到外面晒太阳，到了晚上，就爬进墙壁上的那些小缝中去了。

第三份林中急电

我们坐在一棵树的枝丫上，观察着下面的洞口。

突然，洞口的积雪被掀开了，一个黑色的野兽脑袋露了出

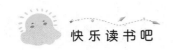
来。原来是一头母熊爬出了洞穴，它身后跟着两只小熊崽儿。

我们看到母熊张大嘴巴，打了个哈欠，仿佛刚结束了一个香甜而漫长的梦境。小熊崽儿们跟在母亲身后，蹦蹦跳跳地向森林深处走去。

> 作者抓住了母熊一家有趣的动作——"张大、打、跟、蹦蹦跳跳、走"，将它们冬眠醒来后的样子写得极具画面感。

我们看得出，这头母熊非常饥饿，身形瘦了许多。它正急着去找点吃的，比如植物的根、隔年的草和浆果。如果它在路上恰好碰到一只兔崽儿，也一定不会放过。

林中狩猎

到森林里来狩猎的猎人夜间坐在林子里，吃点食物、喝点水，休息休息。但是他不能生火，因为火会吓走鸟儿。

天快亮的时候，森林里的动物们开始了求偶行动。

雕鸮低沉的呜呜声在寂静的林中响起……

东方稍微露出了点白色，猎人隐隐约约听到一只松鸡的叫唤声。他迅速跳了起来，倾听着。

没多久，第二只松鸡也开始叫了。在离他一百五十步的地方，第三只松鸡也叫了起来……

猎人蹑手蹑脚地靠近他的猎物。他双手握着猎枪，眼睛一眨不眨地盯着前方一棵棵粗壮的云杉。

现在，松鸡不再嘚嘚叫了，而是咯咯叫了起来，带着颤音。

猎人从原来站的地方跳开，轻轻地迈了一步、两步……接着站定不动了。

松鸡带着颤音的叫声戛然而止，它现在十分警醒、高度戒备，一旦有什么风吹草动，就会立刻飞走，溜得无影无踪。

读到此处停一停，猜一猜，松鸡不同的叫声各代表了什么意思？

它没有听到响动，便又"嘚——嘚！嘚——嘚"地唱起了情歌。

猎人乘机前行了一步，刚迈出一条腿就停住不动了。松鸡中止了叫声，屏住呼吸，又在倾听林子里的动静。

这样循环好几次，猎人距离那棵云杉树越来越近了。他知道松鸡就在云杉树下的某个地方，但它到底在哪里呢？

忽然，猎人透过一根距离很近的毛茸茸的云杉树枝，看见了一段长长的黑脖子和一个鸟脑袋。那只松鸡就站在那里，嘴里发出嘚嘚的叫声，一动也不动。

猎人举起猎枪，瞄准，开枪。

砰的一声，那只松鸡坠落到雪地上。它很肥大，不会少于五公斤，眉毛红红的，仿佛染了血……

读到这一场景，你有什么话想说？

天南海北小趣闻

注意！注意！

这里是《森林报》编辑部。

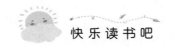
今天是三月二十一日，春分日，我们开通了来自苏联各地的无线电通报栏目。请告诉我们，现在，你们那里正发生着什么？

边读《天南海北小趣闻》，边与同学聊聊，我们又新增了哪些自然科学知识？如果能用思维导图将这些天南海北的小趣闻整理一下，那将是件极好的事。

北极广播电台

我们这里正欢享盛宴：终于熬过了漫长的黑夜，见到了阳光。

今天，阳光第一次在北冰洋上露面——只露出了个头顶，并且几分钟后就藏起来了。

两天后，太阳会沿着北极边缘游走。再过两天，它就会脱离北冰洋表面，升上天空。

现在，我们这里终于迎来了白昼——尽管非常短暂，一个白天只有一个小时。不过随着时间的推移，白昼会不断增加，变得越来越长。

我们这里无论海面还是陆地，都被一层厚厚的冰雪覆盖着。生命都在沉睡着，白熊在自己的熊洞中睡觉，陆地上既看不见绿芽，也没有一只鸟。只有严寒和暴风雪经年不息。

中亚广播电台

我们刚刚种完马铃薯，正准备种棉花。在太阳的炙烤下，大街上满是灰蒙蒙的尘土。桃树、梨树和苹果树接替了扁桃、杏子、银莲花和风信子的任务，认真地开着花。种植防护林的工

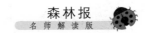

作也已经开始了。

冬天飞来的乌鸦、寒鸦、白嘴鸦和云雀正向自己的家乡迁徙，而家燕、白腹鹨和雨燕正向我们这里飞来。野鸭的雏鸟已经出生有一段时间了，经常离开巢穴去池塘里泅水。

远东广播电台

我们这里的狗刚刚从冬眠中醒来。

没错，我说的就是狗，而不是其他什么动物。你们也许认为狗从来不冬眠，但我们这里有一种特殊的狗，它一整个冬天都躺在窝里睡大觉。

这种狗是野生的。它的个头还没有狐狸大，腿很短，一身棕色的毛又密又长，连耳朵都藏在里面，不让人看见。

它冬天趴在自己的洞穴里，像獾一样冬眠。现在它已经醒来，正在捕猎老鼠和鱼为自己补充能量。

它的名字叫貉，外貌与美洲的浣熊十分相似，是一种十分古老的犬科动物。

我们开始在南部沿海捕捞一种身形扁平的比目鱼。在乌苏里地区的密林中，小虎崽出生没多久，刚刚睁开眼睛。

我们在等待一种从大洋游入内河的"过境"鱼，它们每年这个时候都会到这里来产卵。

北冰洋广播电台

我们附近的洋面是一片冰原，不断有浮冰向这边漂来，浮冰上躺着海豹。

　　它们的身体呈浅灰色，两侧的颜色较深，这是格陵兰母海豹。它们在这儿的冰上产下幼崽——浑身雪白、黑鼻子、黑眼睛、身上毛茸茸的小海豹。

　　海豹幼崽出生后一段时间内不会游泳，所以不能下水，只好卧在冰上。

　　冰上除了母海豹和小海豹，还有头、脸和身体两侧都呈黑色的格陵兰公海豹。它们正卧在冰上，褪换又短又硬的浅黄色皮毛。

　　北冰洋上空有飞机前来侦察冰原下母海豹和幼崽的栖息地以及公海豹的换毛地。从天空向下看，在海豹密集之处，几乎看不到它们身下的冰层。

　　侦察机回去报告了这一消息，两艘捕猎船就开始在冰层间向那里曲折行驶，准备猎捕海豹。

春二月

导读

　　四月，春姑娘开始在大地上播种，花儿迫不及待地争相绽放，树木开始了抢夺地盘的战争；森林里有会飞的小兽，有抱团的蚁群……读完本节，同学们可以根据自己最喜欢的段落，描绘出你眼里的春日森林。

分十二个月谱写的快乐篇章——四月

　　四月，冰雪消融。

　　大地还在沉睡中，而天气已经逐渐暖和起来，温和的春风拂过大地。你睁开眼看看，生机勃勃的景象马上就要出现了！

　　在四月里，山上融化的雪水汩汩流淌进山边的河流里，鱼儿也在水中

　　文学性与科学性相结合是本书最大的特点，仔细阅读这些生动优美的语句。

快活地游来游去。春天将大地从冰雪中解救出来后，便要去着手完成第二件大事：将河水从冰封中解救出来。融化的雪水闯入河流，河面上的冰也渐渐融化了。春日的河水潺潺流淌着，从谷地间奔流而过。

喝足了春日温暖雨水的大地为自己披上了绿装，衣服上还装饰着鲜艳的野花。森林正静悄悄地站在那里，等待着春天的恩惠降临。树木体内的汁液已经开始暗暗涌动，嫩芽正在萌发。

候鸟的迁徙

候鸟从过冬的地方飞回来了。它们成群结队地、有秩序地返回故乡。最早抵达的是去年最后离开我们的那些候鸟，最后抵达的是秋季最先离开的那些候鸟。比这些候鸟到得更晚的是羽毛颜色最绚丽的候鸟。

候鸟迁徙的其中一条路线刚好在我们的城市与列宁格勒州上空，被称为"波罗的海路线"。

> 为什么最晚回来的是羽毛颜色最绚丽的候鸟呢？后面的内容写到了原因，先猜猜看。

这条迁徙路线的一端紧靠北冰洋，另一端在鲜花盛开的气候炎热的国度。无数候鸟按照自己的位置和次序排列成长长的鸟阵，一齐飞跃长空。

它们沿着非洲海岸飞行，途经地中海、比利牛斯半岛、比斯开湾海岸，飞过北海和波罗的海。

它们在飞行的途中遇到了很多困难和灾难。它们要在迷雾中寻找前行的方向，躲避海上风暴的袭击，还要忍受饥饿与寒冷，每年都有许多候鸟因为这些而丧命。除去自然环境的因素，来自猛禽和猎人的威胁也使不少候鸟失去了生命。

候鸟迁徙途中会遇到哪些困难和灾难？画个思维导图整理一下。

然而，没有什么能够阻碍这一群群飞行家的行程。它们飞越种种障碍，飞向故乡，飞向自己的巢穴。

柔荑花序

生长在河流与小溪两岸以及森林边缘的柔荑花序开花了。赤杨树和榛子树上那一串串棕色的饰物，就是柔荑花序。

柔荑花序在去年冬天就长出来了，但是冬季太寒冷，它也和其他的植物一样被冻得硬硬的，纹丝不动。现在，春天的暖风吹过，柔荑花序舒展开了，变得十分柔软。

哇，作者简直把这柔荑花序写活了！好想去大自然中找到它们，逗它们玩玩。

如果你碰一下它的枝条，它就开始摇摇摆摆，吐出一缕缕如同烟雾一般的黄色花粉。

赤杨树和榛子树上除了柔荑花序，还开着另外一种雌花。赤杨树上的雌花是一个个棕色的凸起，榛子树上的则是看起来十分粗壮的花蕾，花蕾中探出几根粉红色的细须，这就是雌花的花柱。

赤杨树和榛子树现在还是光秃秃的，没有叶子的阻碍，风儿轻松地摇动着柔荑花序，再将它洒下的花粉带到另一棵树上

的雌花的花柱里。于是，到了秋天，榛子树上的花变成了一颗颗榛子，赤杨树上的棕色凸起也变成了一个个藏着种子的小黑果球。

蚁冢开始蠢蠢欲动

我们在一棵云杉树下找到了一个蚂蚁窝。最初，我们认为这就是一堆被雨打后腐烂的叶子，全然没有想到这会是一个蚂蚁王国。因为我们在这里没有看到过一只蚂蚁。

> "冢"在字典中有一个解释是"坟墓"。你能根据上下文想一想"蚁冢"是什么意思吗？

现在太阳晒化了积雪，那些蚂蚁才开始跑出来晒太阳。它们刚经历了漫长的冬眠，现在正虚弱，一大群蚂蚁抱成一团躺在蚁冢上。

我觉得有趣，轻轻伸出一根手指，碰了下这个蚁团。它们只能勉强动弹，甚至连放出蚁酸来击退我的力气都没有。

它们还得过几天才能开始劳作。

会飞的小兽

啄木鸟刺耳的叫声打破了森林里的寂静，它的叫声这么响亮，让我立刻意识到：啄木鸟出事了。

我急忙穿过树林，来到林间的一处空地上。这里有一棵枯树，树上有一个小洞，形状十分规整，那就是啄木鸟的窝。我看见一只小兽正沿着树干，向啄木鸟的窝里爬去。我从来没有见过这种小兽，它全身长着灰色的毛，尾巴不算长，耳朵小小的、圆圆的，有点像缩小版的熊崽子。他的眼睛像鸟眼一样大，鼓鼓地盯着前方。

小兽爬到树洞边，向里面探过身去，看起来它是想吃一顿鸟蛋大餐……这时，啄木鸟向小兽扑去，小兽灵活地闪到了树干后面。啄木鸟追赶它，小兽绕着树干往上爬。它们到达树干的顶部时，啄木鸟便用喙去啄小兽。小兽一下子跳下树干，张开四肢，便如同落叶一般在空中缓慢滑翔了起来。它飞得并不很

> 这场斗争好惊险！一个扑，另一个闪；一个追，另一个爬；一个啄，另一个跳、飞、降……这另一个，原来是森林里的"跳伞运动员"，它的名字叫鼯鼠。回读这段，研究下它是怎么飞的。

稳，用一根短小的尾巴掌握飞行的方向，最后降落到另一棵树的树枝上。

我明白了，这只小兽原来是一只鼯鼠！它的两肋长有可以折叠的皮膜。当它张开四肢，折叠的皮膜自然也就张开了，所以可以在空中滑翔。

我们都称它为"森林里的跳伞运动员"，可惜很少有机会见到它。

发洪水了

春季同样给森林两旁的居民们带来了许多灾难。雪化完了，

解冻的水顺着地势汇入河流，很快便漫过河床，淹没了两岸。我们收到了不少来自四面八方的受灾消息，其中受灾最严重的是兔子、鼹鼠、田鼠和其他住在地上与地下的小兽。泛滥的河水涌入它们的住所，它们只好离开自己的窝。

为了从洪水中逃命，每一只小兽都使尽了浑身解数。

矮小的鼩鼱跳出洞穴，蹲在灌木丛上，等待洪水退去。它忍饥挨饿，看起来十分可怜。

洪水来临时，鼹鼠正在自己的洞里，险些被凶猛灌入洞中的洪水淹死。它从地下爬了出来，一边泅水，一边寻找陆地。鼹鼠是泅水高手。它能在水中游几十米，直至抵达岸边，并且不让猛禽注意到它乌黑发亮的皮毛。上岸之后，它又迅速地钻进了土里。

森林里的战争

刚看了动物间的"战争"，想不到植物间也有"战争"，太有趣了！那么，它们为什么而战？战场在哪儿？最后谁胜利了？

森林里的植物之间也有战争，而且是永无休止的。我特地派出记者前往"战事"现场。

我们的记者首先来到古老的云杉王国，这个王国中的每一位战士都有两三根电线杆接在一起那么高，它们笔挺地站在那里，守卫着自己的一方土地。没有风的时候，你在这里只能感受到一片寂静。

接着，我们的记者走出云杉王国，来到白桦王国。这里绿叶婆娑，树干洁白的白桦树摇晃着枝叶表示欢迎，许多鸟儿停在它们的枝叶间唱歌。风儿吹过的时候，这个王国里便喧闹得更厉害了；即使在无风的时候，这里也从来没有安静过。紧挨着白桦王国的是山杨王国。

这两个王国的边缘有一条河，河对面是大片的荒漠——一片巨大的采伐地。在这片荒漠之后，又是一大片云杉巨木。

而如今，森林里的积雪已经消融，这片采伐地则成为了战场。每一种树木的生长空间都是非常拥挤的，所以，一旦附近出现新的空地，树木们就会急急忙忙地去抢占地盘。

一个阳光和煦的早晨，远处的树林里好像传来了噼里啪啦的响声。原来是云杉开始进攻了，它们派出自己的空军部队，去占领那片土地。

云杉身上结着一个个硕大的果球，被太阳晒热后，果球便会炸裂开。风儿负责将这些果球里的种子运输到战场上。但云杉的种子较重，只靠风儿那一点微薄的力量，不可能把它们带得很远，许多种子还没有到达战场，便落在了地上。但在几天后，这里刮起了大风，之前降落在附近的种子被吹了起来，终于完成了任务，占领了这片土地。

就在云杉刚刚占领土地后，河对岸的山杨开花了。

再过一个月，夏季临近了，云杉王国用柔荑花序装扮自己，来庆祝这个愉快的节日。而落在荒漠里的云杉种子，也已经吸足了温暖的春水，正准备破土而出。

云杉最早行动，它靠大风帮忙占领了土地。那么，它能笑到最后吗？

然而，直到现在，白桦还没有开花。

林木储蓄箱

为了防止风灾的侵害，我们应该多植树造林。我们学校的孩子已经有了保护防风林带的意识。六年级甲班的教室里出现了一只林木储蓄箱。孩子们把种子装在桶里，带到学校，再投入这只林木储蓄箱中。那些种子多种多样，包括枫树籽、白桦树的柔荑花序、橡子等。

> 我们也来做一只"林木储蓄箱"，将种子收集起来吧！

等到秋天，储蓄箱里装满了种子后，我们将拿出所有的种子，为开辟新园圃做准备。

在马尔基左瓦湿地

春季的市场上会出现许多不同种类的野鸭，而马尔基左瓦湿地上的野鸭品种比市场上更多。

马尔基左瓦湿地指的是芬兰湾位于涅瓦河河口与科特林岛之间那部分水域，那里是猎人的天堂。

当走到斯摩棱卡河边，你会发现一些形状奇特的小船。这些船是猎人的小舟，船底是平的，船头和船尾向上翘着，船身不大，但很宽。

也许你能偶然在傍晚看到猎人把小船推进河里，把猎枪和其他用品放进去，然后划着小船，顺流而下。大约二十分钟后，他就能到达马尔基左瓦湿地了。

涅瓦河早已解冻，但河里还有些漂浮着的大块浮冰。猎人将小船划到浮冰旁边，上了浮冰。他在毛衣外套上一件白色的长袍，然后从船里拖出一只母鸭，把它拴上绳子放进水里，绳子的一头固定在浮冰上。母鸭一下水，就开始嘎嘎叫起来，猎人则乘着小船，离开了浮冰，在暗处静静地等着野鸭们被母鸭吸引过来。

猎人没有等太久，一只被母鸭的叫声吸引的公野鸭就钻出了水面，向着母鸭飞去。还没等它飞到母鸭身边，只听一声枪响，公鸭啪嗒栽进水里，一动不动了。

第一只猎物到手了。后面还有越来越多的公鸭被母鸭的叫声吸引过来，它们眼里仿佛只有母鸭，却看不见白色的小船和穿白色长袍的猎人似的。猎人开了一枪又一枪，一只又一只的野鸭从河面上空落入水中。夜晚悄悄来临，城市的轮廓也消失不见，只见大片大片温暖的灯光。

猎人为什么要套上白色长袍？他为什么要拖出一只母鸭？小船为什么是白色的？你怎么看这里的猎人？

河上一片漆黑，猎人看不见野鸭，也看不清枪口的朝向了。他把用来引诱猎物的母鸭放进小船，将小船和浮冰更紧地贴在一起，准备过夜了。

微风从河面上吹过。天地间是伸手不见五指的漆黑。

春三月

导读

　　五月，春天的脚步开始悄然走远，而森林中依然是一片美好的景象。但是，在这一片祥和之中，人类却给大自然带来了不幸，他们用机器捕鱼，榨取白桦树的汁液。读完这一节，请同学们思考：我们应该怎样和大自然相处？

分十二个月谱写的快乐篇章——五月

　　在五月里尽情地游玩吧！春天要开始做第三件事了：装点森林。

　　现在才是森林开始快乐的时候。太阳凭借自己的光和热，在和严冬与黑暗的斗争中取得了胜利。北方的白夜正在开始。森林里的植物赢得了土地和水分后，开始一个劲儿地往上长。新生的嫩绿的枝叶给高大的树木披上了绿色的新衣。无数昆虫扇动着轻盈的翅膀向高处飞，夜鹰和蝙蝠在傍晚时飞出来捕食这些昆虫。白天，家燕和雨燕在空中飞来飞去，往返穿梭，雕和老鹰在农民们耕过的田地上空翱翔。红隼和云雀仿佛被牵了线的风筝一样，在空中轻轻扇动双翼。

蜜蜂也从蜂窝里飞了出来，张着金黄色的翅膀，嗡嗡地哼着。大家都在快乐地玩耍：黑琴鸡在地上奔来跑去，野鸭在水里畅快地洗澡，啄木鸟在树上辛勤地工作，田鹬呢？它像一只洁白的小羊羔一般，飘浮在天空中。

这是乍暖还寒的时节。白天有温暖的阳光照射，夜晚却十分冻人。有时你给牲口喂完草料，自己却还要去炉灶边取暖。

这一篇文章的结构是先总后分。围绕"装点森林"，作者分别描写了哪些事物？它们在五月里各有哪些特点？用张表格梳理一下。

森林乐队

这个月，夜莺唱得正欢，几乎不分昼夜地啼鸣。

孩子们对此感到奇怪：夜莺什么时候睡觉呀？在春天，鸟类并没有机会多睡，鸟儿的睡眠时间普遍短暂：多半是在两场歌会间的空余时间里歇一会儿，也只是半夜一个小时和中午一个小时。

在清晨和黄昏时，不仅仅是鸟类，森林里的所有居民都会尽情地歌唱、表演。如果你在这时走进森林，那么既能听到嘹亮的歌声，又能听到悠扬的提琴声；既有阵阵鼓点声在耳畔响

起，又有清脆的笛声洗刷心灵；既有狂噪声，又有尖叫声；既有轻声的哀叹，又有低低的嗡鸣。

苍头燕雀、夜莺等小歌唱家们都放开了喉咙，用清脆的声音唱起悦耳的歌曲。甲虫和螽斯也唧唧地叫个不停。啄木鸟边工作边敲着鼓点。黄莺和白眉鸫奏起了悠扬的长笛。狐狸和柳雷鸟哇哇大叫。狍子、狼、雕鸮等动物也都叫个不停。

没有清脆歌喉的动物们，都按照自己的口味选择了适合的乐器。

啄木鸟把发声响亮的干树枝当作鼓，它的长嘴则变成了与之相匹配的完美鼓槌。天牛靠着坚硬的脖子发出吱吱的响声。螽斯用足弹拨着自己的翅膀。田鹬张开尾巴，风儿吹过，它的尾巴便发出嗡嗡的响声，就好像在唱歌一样。

> 好热闹的森林音乐会！作者是用什么方法将它写得如此传神的呢？

这就是森林乐队。

鱼的声音

人们把在水下录到的声音传到了无线电设备上，扩音器中立马传出了许多不同的声音：低沉的唧唧声，吱吱的尖叫声，仿佛人呻吟的声音，特别的呱呱声，以及突然响起的让人震耳欲聋的啪啪声。这些都是我们从来没有听过的声音。这些声音都是黑海里的鱼类发出的。每一种鱼发出的声音都不一样，让人很轻易就可以将它与海里的其他生物区分开来。

由于人类发明了声呐装置，我们可以确信海下王国并非悄

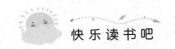

无声息，鱼类也并非不会说话。有了这种特殊的仪器，人们可以了解到鱼群游弋的方向和大概位置后，再出海捕捞。

护花使者

一朵花最娇弱的部位要数花粉了，一旦被打湿，也就损坏了。无论是雨水，还是露珠，都能损害它。那它平常是怎样保护自己的呢？

铃兰和越橘的花像一只只悬挂着的小铃铛，它们的花粉都在花瓣保护罩之下。

睡莲的花瓣是向上盛开的，但它的每一瓣花瓣呈勺形，层层覆盖起来。即使雨滴打到花瓣上，也不会伤害到内部的花苞和花粉。

凤仙花的每一朵花都藏在叶子下面。它的花茎比叶柄还要高，花朵都被牢牢地保护在保护罩之下了。

用一个设问来总领全文，然后很形象地写出了铃兰和越橘、睡莲、凤仙花、野蔷薇、白睡莲、毛茛等花是如何保护花粉的。这种谋篇布局的方法，我们可以学以致用。

野蔷薇和白睡莲遇到下雨天就会把花瓣闭合起来，以防止花粉受到损害。

毛茛在雨天则会把花瓣垂下来，遮住花粉。

最后飞临的一批鸟

春天快要过去了。在南方过冬的最后一批鸟也飞回来了。

与我所料的差不多，这是羽毛颜色最绚丽的一批鸟儿。

这个时候，草地上已经铺满了青草，漫山遍野都是鲜艳的野花，灌木和大树也已枝繁叶茂，为森林盖起一片片浓荫。在这样的环境里，这些鸟儿很容易躲避觅食的猛禽。

一只浑身蓝中带着翠绿，又间咖啡色羽毛的翠鸟，停歇在彼得宫的一条小溪边，它来自埃及。

一种长着黑色翅膀的金色黄莺在树林里歌唱，声音婉转动听，像长笛吹出的悠扬乐曲。它们来自非洲南部。

披着花外衣的石即鸟和蓝色肚皮的蓝喉歌鸲在湿润的灌木丛中飞来跳去，金黄色的鹡鸰在沼泽上空低低地盘旋。

飞回这里的还有肚皮颜色不同的红尾伯劳，毛色各异且翎毛松软的流苏鹬，以及绿中带蓝的蓝胸佛法僧鸟等。

为什么羽毛颜色最绚丽的鸟儿最后一批飞回来？这里告诉我们答案了，你猜对了吗？

白桦树在哭泣

这个标题采用了拟人手法，让我们想一想，它有哪些好处？

来林子里游玩的人都快快乐乐，欢声笑语，而白桦树却在哭泣。

由于炽热的阳光的烘烤，白桦树躯干内的汁水流动得更快了。树汁透过白桦树树皮上的孔渗透出来。

人们将白桦树树汁当作一种可口且对身体有益的饮料，于

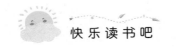

是他们切开树皮，用瓶子收集白桦树的汁水。

然而，树木的汁水就像人类的血液一样。如果流失了过多的树汁，树木的躯干就会干枯、死亡。

毛脚燕的巢

五月二十八日，一对毛脚燕开始在我邻居家农舍的屋脊下筑巢。我的窗户正对着它们筑巢的地方，这使我感到无比高兴，因为我将亲眼看到它们是如何建造好自己的巢的。

我看见它们从村子旁的小河边叼取一小块泥土，作为燕巢的建筑材料。它们双方交替着一口口把衔回来的泥粘在屋脊下的墙上，然后折返，重复之前的工作。

五月二十九日，发生了一件遗憾的事情。邻居家因为打架而失去了一只右眼的独眼公猫费多谢依奇一大早就爬上了屋顶，它一直蹲在那里，注视着飞来的燕子，还窥视着屋脊下方的燕子巢。

燕子发出不安的叫声，不敢再飞回屋脊下，也不再往墙上贴泥。难道它们要抛弃这个还没有建好的燕子巢了吗？

六月三日，燕子巢的建筑进度十分缓慢，因为费多谢依奇老是爬上屋顶，使燕子们担惊受怕。今天下午，那两只毛脚燕压根没有出现，看样子它们是要放弃这个巢了。

六月十九日，这几天一直很燥热。邻居家屋脊下的燕子巢雏形的泥巴已经变干、变硬，那两只燕子却一次也没有出现过。白天天空布满了黑压压的乌云，不久后下起了倾盆大雨。河水漫上了岸，将岸边的干土地都泡成了稀泥，人若是踩上一脚，几乎可以陷到膝盖。

傍晚时雨停了，我看到一只燕子飞了回来，在燕子巢边停了一会儿又飞走了。我想：燕子也许不是被猫吓到了，而是没有地方取潮湿的黏土。

六月二十日，燕子飞回来了。飞来的不仅仅是一对燕子，而是一群。它们聚集在屋顶上，仿佛在商量什么似的。大约十分钟后，又一下子都飞走了。只留下一只母燕，在用喙修复着燕巢。

作者仔细观察，认真思考，猜测燕子们筑巢的过程，并通过持续观察来验证自己的猜测。这种求知的方法值得我们学习。

没多久，公燕飞了回来，把一小团泥塞到母燕的喙中，便飞去啄新泥了。

邻居家的公猫又爬到屋顶上来了，然而燕子们并不畏惧它，依然只顾埋头工作，建筑自己的巢穴。

森林里的战争（续前）

你们还记得吗？住到采伐地上的记者曾经向我们传回了什么消息？他们每天都在期待着新生的云杉树苗破土而出，为采伐地披上漂亮的绿装。

事实正如他们所料：几场温暖的春雨过后，一天清晨，采伐地上开始冒出点点新绿。那么是什么树从地下钻出来了呢？

根本不是云杉！而是不知道从哪里冒出来的野草。它们生长的速度很快，且草与草之间的距离挨得很近，像是依偎在一

起一般。尽管云杉的幼苗正在努力挣扎，想要破土而出，然而这片采伐地已经被野草大军占据。

这时，第一场战争的号角吹响了。

幼小的云杉用自己像矛一样尖的梢头冲破覆盖在地面上的稠密野草的禁锢，艰难地向上生长。善于攀附树木的野草也向这些云杉的幼苗发起了攻击，它们彼此之间进行了一场无声的生死搏击，无论是在地上，还是在地下。

野草与树苗的根必须不停地往下伸展，汲取盐分和富有营养的地下水分来维持生存。而为了争夺这些资源，它们的根在地下纠结缠绕在一起，你争我夺。许多幼小的云杉苗还没有见过阳光，就被那些像细铁丝一样的野草根绞杀了。

有些小树好不容易钻出地面，却又遇到草茎的缠绕和围剿，以至于透不过气来。

这些野草缠住了云杉坚强的躯干。云杉极力想要向上生长，去晒晒太阳，于是用尖尖的树梢打破野草的缠绕，野草却和它作对似的，不想让它钻出去。

在这里，你很难找到一棵能够克服野草的缠绕，坚持向上生长的云杉。

采伐地上的第一场战争刚刚结束，河对岸的白桦刚刚开花，而山杨已经做好了出征的准备：它们要空降到河对岸。

山杨的柔荑花序已经张开，每一个花序里都飞出几百颗种子，每颗种子的顶端都带着一撮白色的毛絮状物。风儿欣喜地接住这一颗颗轻柔的种子，把它们带到河对岸去，再抛撒下去。

山杨种子如同雪花一般洋洋洒洒地飘落下来，落在云杉和野草的头顶。第一场雨把它们打落在地，蒙进土里。采伐地里一片白茫茫，全是山杨树的种子。

采伐地上的战争仍在继续，不过显而易见，云杉树占了优势。那些野草长不了太高，而云杉却在继续向上生长。

年轻的云杉摆脱了野草的缠覆，挺拔生长，舒展枝叶，张开大片大片的浓荫。而野草失去了阳光的照耀，迅速地枯萎了。

此时，年轻的山杨们也已破土而出，然而它们刚刚长出来，还较为弱小，无法和已经枝繁叶茂的云杉较量。云杉撒下的树荫遮住了阳光，山杨迅速枯萎了。山杨是一种喜光的植物，没有阳光就无法存活。

云杉再次胜利了。

这时，采伐地又空降了一批新的"军队"——白桦的种子。至于它们能否战胜采伐地的首批占领者云杉，我们就不得而知了。

所谓的"战争"，其实是各类植物以自己的方式繁殖生长，抢占地盘。试着以图文并茂的形式将此篇中写到的植物与它们传播种子的方式整理出来。

鼹鼠

大多数人对鼹鼠的认知是：它是一种生活在地下，和其他鼠类一样以植物的根为食的啮齿动物。这可冤枉了鼹鼠，事实上，鼹鼠并不属于鼠类，而更像一只穿着柔软的丝绒皮大衣的刺猬。它也不是食草动物，而是食虫兽，平常吃的食物是五月金龟子和其他有害的虫子，这对于我们来说是有益的。

不过鼹鼠会在花园或菜地里的地垄上抛撒一堆堆泥土，筑

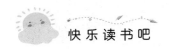

起所谓的鼹鼠窝,以致毁坏了一些花朵和蔬菜。如果你不能容忍这样的事情,你可以在花园或菜园的土里插上一根顶部带风车的高杆子。这样,一旦有风吹过,小风车就会转动起来,带动土地震动,鼹鼠的洞穴里便会发出响声。而鼹鼠听到声音后,便会溜之大吉。

> 原来鼹鼠不属于鼠类,也不是食草动物,试着给它做一张名片,让别的小朋友也知道。

采蘑菇去吧

一场温暖的雨后,你可以出城采蘑菇去了。这是最好的采蘑菇时节,红菇、牛肝菌和白菇都从地下冒出头来,仿佛是在等人把它们带回家。这是夏季长出的第一批蘑菇——抽穗菇。它们之所以有此名称,是因为它们出现时,越冬的黑麦正好开始抽穗。而在夏季结束以前,它们将会消失。

当你发现自家花园里的丁香花开始凋谢,那是在向你传递一个消息:春季结束了,夏季已经到来了。

夏 一 月

导读

　　说起六月，不得不提杨万里那句"接天莲叶无穷碧，映日荷花别样红"，但这是西湖的六月，森林的六月又是怎样一派景象呢？读完这一节，同学们可以根据自己的兴趣，在现实中选择自己喜欢的小动物进行观察，并写下观察日记。

分十二个月谱写的快乐篇章——六月

　　六月——一个绚丽多彩的月份。盛夏由此铺开了序章。在六月份，遥远的北方整天都是白天，根本没有夜晚。原本一片单调的绿草地上盛开了各种各样的花：金莲花、驴蹄草、毛茛……将草地渲染成一片金黄色。

　　这个时节是太阳最有活力的时节，人们常常采集一些对身体健康有益的鲜花或茎、根，以便自己生病的时候可以咬上两口，把其中积蓄的太阳的生命力送入自己的身体里。

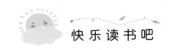

一年中白昼最长的一天——六月二十一日，已经过去了。

在这之后，就像春天慢慢地踏着步子到来一样，白昼也踏着步子悄悄离开，慢慢变得越来越短。

会唱歌的小鸟们都已筑好了巢，巢里还躺着各种颜色的蛋。透过薄薄的蛋壳，我仿佛能依稀看见其中娇嫩的小生命。

各用什么材料给自己造屋

森林里的小动物的窝是用各种各样的材料建造的。

歌声嘹亮的鹟鸟搜集朽木上的粉末，来涂抹自己房间的墙壁。

家燕和毛脚燕会使用自己的唾液粘结泥土来筑巢。

黑头莺则用又轻又黏的蛛丝将细树枝固定好，这就是它的巢。

鸭住在一个开口很大的树洞里，为了防止松鼠钻进它的家里，它总是用泥土堵住大半个洞口，仅仅留下能容纳它自己通过的小口子。

> 这篇文章介绍了哪些小动物？它们分别用什么给自己造屋的？可以画个表梳理一下。

翠绿色、咖啡色和湖蓝色三色相间的翠鸟做的窝最有意思。它在河岸上挖一个很深的洞，然后在洞里铺上一些细细的鱼骨头当垫子。还别说，这块垫子居然很软和呢。

寄居别家

有一些动物不愿意或不会自己建造小屋，就去霸占别的动物的房子。

比如杜鹃把卵产在鹈鸰、红胸鸰、莺和其他小鸟的窝里，让别的鸟妈妈帮它孵蛋、喂孩子。

再比如林间白腰草鹬总是寻找旧乌鸦巢，在里面产卵。

我们的记者曾见过一只十分狡猾的麻雀，它把巢筑在屋檐下，被小孩扒了；把巢筑在树洞里，巢里的蛋又被伶鼬偷走了。于是，为了安全起见，麻雀将自己的新窝筑在了凶狠的雕的大窝附近。

现在，麻雀的日子总算舒心了。雕对麻雀这么一只小鸟根本不理不睬，而小孩、伶鼬或其他动物都不敢再来捣毁麻雀的巢了，因为他们都怕雕。

> 这些不愿意或不会自己建造小屋的动物中，你觉得最狡猾的是谁？

神秘的夜间盗贼

近日，森林里出现了一个神秘的盗贼，使森林中的居民都感到惶惶不安。

几乎每天夜里都会有小兔子失踪。因此，一到夜里，小鹿、花尾榛鸡、松鸡、兔子等小动物都很没有安全感。树丛里的鸟儿、树上的松鼠，或者地上的老鼠，都说不清自己什么时候会受到攻击。小动物们觉得：那个神秘杀手会突然出现，或许来自草丛，或许来自灌木，又或许来自树上。也许这个盗贼并非个人作案，而是团伙作案。

几天前的一个晚上，狍子一家正在林间的空地上吃草，母狍带着两只幼崽先吃，公狍则站在灌木丛旁负责警戒。

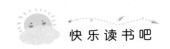
突然，一道黑色的影子从树林里钻了出来，迅速地直扑公狍的脊背，公狍躲闪不及，被袭击倒下了。母狍迅速带着两只幼崽逃出了林子。等到了早上，母狍再回去看的时候，公狍只剩下一对角和四条细长的腿了。

> 哇，这个作案的家伙太可怕了！公狍被扑杀，驼鹿遭袭击。它到底是谁？你来找找线索吧！

昨天夜里，一头驼鹿也遭到了攻击。当时，它正在林间的小路上悠闲地散着步，突然瞥见一棵树的枝杈间多了一个难看的大瘤子。驼鹿拥有一对坚硬的角，所以并不害怕林间的野兽。它走近那棵树，准备看个明白，哪知刚抬起头，一个可怕而沉重的东西忽然落到它的后颈上，足有三十公斤重。

驼鹿吓了一跳，连忙甩开背上的盗贼，头也不回地跑出了林子。因此，它没有看清楚攻击它的凶手是谁。

这个森林里没有狼，熊也早已钻入密林换毛去了。这神秘的盗贼究竟是什么动物呢？我们目前还不得而知。

谁是凶手

今天夜间，一只住在树上的松鼠遇害了。我们仔细查看了现场，基于凶手在树干和树下留下的痕迹，我们终于弄明白了凶手是谁。

根据树上的爪痕，我们判断这个凶手是北方森林里的一种十分凶猛的猫科动物——猞猁。

猞猁幼崽现在正在长身体，猞猁妈妈每天带着它在林子里到处转悠、爬树、捕猎。

这给其他动物带来了很大的困扰，因为猞猁的眼睛在白天和黑夜里都能看得清清楚楚，如果有小动物睡觉之前没有好好躲藏起来而碰到猞猁的话，它就凶多吉少了！

真相大白，凶手原来是猞猁！它为什么那么厉害？

绿色的朋友

我们曾经觉得森林是无边无际的，永远不会缩减。

但是后来，由于森林的主人——那些地主毫无节制地采伐林木，损耗了土地，许多森林消失了。原本铺盖着绿衣的大地，如今只铺着一层干瘪瘪的地皮，出现了沙化现象。

失去了四周森林的保护，干热风直接横扫过田野，将灼热的沙子撒落在耕地上，于是庄稼遭受了一场大灾难。

河流、池塘和湖泊因为失去了森林的保护，水位越来越浅，慢慢干涸。田地里出现了道道干裂的沟壑。

而这时，人民终于迎来了解放和胜利，开始自己管理自己的这份家业。他们要战胜干热风、流沙和沟壑，主要的助手就是那绿色的朋友——森林。

我们派出新的森林去保护河水与湖泊，使它们不会因为炽热的太阳光而过度蒸发。于是，强大的森林站了起来，张开双臂，保护水源。

我们为了将广袤的田地从干热风的侵袭下解救出来，在干热风带来流沙的方向培育起了森林。于是，森林变成了一面坚

固的护城墙，保护田野不再受干热风的侵害。

为了恢复森林，人们做了哪些事情？

除此之外，我们还在沟壑纵横的地方、土地逐渐沙化的地方种植了树木。这些绿色的朋友把根牢牢地扎进土里，阻止沟壑向前爬行，保卫我们的耕地。

恢复森林

在季赫温区，以前的采伐地如今都在进行人工造林。在这块面积达二百五十公顷的土地上，人们种植了松树、云杉和西伯利亚落叶松。为了让留种树上落下的种子自动坠入泥土，快速生长，这片采伐地中约有二百三十公顷的土地已经被耕过，变得十分松软。

其中十公顷的土地上播撒了西伯利亚落叶松的种子，如今它们已经长出了嫩芽。这种类型的树木较为珍贵，多种植这种树木，能使列宁格勒州森林中的建筑用料更加丰富。

新的苗木场已经建立起来了，那里面正培育着针叶和落叶的树木品种。

人们还计划种植一种果树和含胶的灌木——瘤枝卫矛。

森林里的战争（续前）

白桦的幼苗和山杨的幼苗遭遇了同样的结局——被云杉遮住太阳，窒息而死。

如今，这片采伐地真正成为云杉的天下了，再没有入侵者能与它匹敌。我们的记者卷起帐篷，转移到了另一片采伐地。

那一片采伐地不是去年冬天出现的，而是前年冬天出现的。

在那里，他们看到了战争后第二年的情况。

云杉是一种十分坚强的树木，然而有两个弱点。

第一，它们的根部虽然延伸的范围很广，但扎根不够深入。到秋季时，强劲的秋风前来造访较为空旷的采伐地，许多年轻的云杉承受不住狂风的肆虐，被连根拔起。

第二，云杉在长成坚韧、结实的大树之前，十分惧怕严寒。许多云杉的幼苗在冬天被冻死，凛冽的寒风刮断了云杉所有还不够结实的嫩枝。这样一来，等到开春时候，原本占领了采伐地的云杉就一棵也不剩了。

云杉的种子并非每一年都能占得先机。在发生了这样的状况之后，云杉不得不被淘汰出局。

新一年的春天，野草嗅到了温暖的春风，一株接一株冒了头，接着展开一番新的争斗。不过这一次，野草是和山杨与白桦争斗。

山杨与白桦的幼苗在生长中轻易摆脱了那些覆盖缠绕在自己身上的野草，去年的枯草铺在大地上，给这些树苗们提供了温暖。

每一棵小树都高过了野草，它们向上生长，舒展自己的枝叶。第二年的战争以山杨和白桦的胜利而告终。

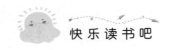

天南海北小趣闻

请注意！请注意！

这里是《森林报》编辑部。

今天是六月二十二日，夏至日，是一年中白昼最长的一天，我们设置了来自各地的无线电通报栏目。请告诉我们，现在，你们那里正发生着什么？

北冰洋岛屿广播电视台

我们已经很久没有见过黑夜了，现在是这里的白昼最长的时候，长达24小时。太阳依旧东升西落，但并不在海面上消失。这样的情形已经持续了整整三个月，我们几乎忘了什么叫作黑暗。

因为一直沐浴在阳光下，所以我们这边的野草正以一种不可思议的速度——几乎可以用小时计算——从土里钻出，花朵也争相绽放。沼泽地被苔藓围满了。岩石上也长满了各色各样的植物。

冻土带的表层解冻了。

当然，即便如此，我们这边依旧没有美丽的蝴蝶、蜻蜓，没有青蛙、蛇和到了冬天就钻进窝里，等待第二年春天再继续自己的生活的各种野兽。

我们这里还有关于蚊子的困扰。每到夏天，那些蚊子几乎像乌云一样在天空中嗡嗡作响，但我们这里却没有对付它们的有力武器——蝙蝠。蝙蝠是在黑夜里生存的，即便它们飞来这里过夏，也没有办法生存下去，因为我们这里既没有黄昏也没有黑夜。

我们这里的几种野兽有兔尾鼠、雪兔、北极狐和驯鹿。偶尔会有体形硕大的白熊从海里游来，在冻土上寻找猎物。

我们这里的兽类虽然不多，鸟儿却多得数不清。虽然有些背阴的地方还积着雪，但鸟儿们已经成群结队迫不及待地飞来了。角百灵、鹨、鹡鸰、雪鹀等会唱歌的鸟儿都来了。还有海鸥、潜水鸟、鹬、野鸭、大雁、海鸠等各种各样的鸟，有的你甚至听都没听说过。如果有凶猛的杀手胆敢靠近这样的地方，鸟儿们会立刻聚集起来，用坚硬的鸟喙将它啄死，避免它伤害自己的孩子。

我们这里的确没有白天黑夜之分，而这些鸟儿们也几乎不睡觉，它们忙着干自己的事情：给孩子喂食、筑巢、孵蛋或其他的事情。

北冰洋岛屿的夏至日有什么特点？

这就是我们这里目前的欢乐景象。

中亚沙漠广播电台

我们这儿正好相反，大家都沉浸在睡梦中。

酷热的阳光将这里所有的绿色植物都晒干了，最后一场雨距离我们已经非常遥远。令人惊讶的是，并非所有的植物都会被晒死。

骆驼刺就是顽强生存下来的植物中的一员。它本身不到半

米高，但它的根却扎到地下五六米深的地方，吸收那里的水分。它的叶子是绿色的细丝状的，这样可以减少呼吸时水分的蒸发。梭梭树也不高，它甚至连叶子都没有，只有细细的枝条。

风刮起来，卷起阵阵沙尘，遮天蔽日。这时，你会听见许多咝咝声，仿佛是成千上万条蛇发出的声音一般。不过这并非蛇发出的声音，而是梭梭林的细枝随着狂风舞动所发出的声音。

蛇如今正在沉睡，它们的食物——黄鼠和跳跳鼠也在沉睡。细趾鼠为了躲避太阳的照射，整天都躲在自己的小窝里睡觉，只在每天清晨出去觅食。而黄沙鼠索性钻进地下睡上很长时间，从夏天开始，一直睡到第二年春天来临，它每年只活动三个月。

蜘蛛、蝎子、蚂蚁和多足纲动物都多了起来。它们有的躲在岩石下，有的躲在背阴处的泥土里，你根本见不到它们。

野兽们为了靠近水源，都迁到了沙漠边缘。鸟类早已将雏鸟养大，带着它们飞走了。只有沙鸡还留在这里，因为它们飞得很快，可以飞到一百公里外的水源处喝足水，再用嗉囊装满水，带回来喂给孩子。但是一旦它们的孩子学会了飞行，沙鸡一家也会立刻离开这鬼地方。

只有我们苏联人对这样可怕的沙漠无所畏惧。我们有强劲的技术做后盾，在合适的地方挖渠，从远处引来水源，为这里添上一片难得的绿意。

中亚沙漠的夏至日又有什么特点？

夏季的沙漠与冻土带完全不同。白日里，几乎所有的动物都在睡觉，只有在漆黑的夜里，才有少数动物出行。

夏二月

　　七月是成熟的季节，小麦熟了，森林里的草莓、越橘也熟了，小动物们则忙着哺育自己的下一代。在这一节中，同学们除了可以饱览自然的美景，还可以学到森林灭火的知识，学会辨别益鸟和害鸟，希望同学们做到学以致用。

分十二个月谱写的快乐篇章——七月

　　七月，正值夏季。饱满的麦粒将黑麦压弯了腰，燕麦也已穿上了精美的长袍，而荞麦还光秃秃的。

　　阳光将绿色植物养得十分饱满，我们将成熟的黑麦与小麦收起，作为一年的粮食储藏。我们正为牲口储备干草，远远望去，铺在地上的干草仿佛森林里的草地一样。如小山一般的草垛越堆越高。

　　鸟巢里的鸟儿们已经不像六月时那样只顾着歌唱，它们要照顾窝里刚出生的雏鸟。那些雏鸟还光秃秃的，双眼紧闭着，需要父母的喂养与照顾。然而，在这个时节，大地、水、森林，乃至空气中都充满了幼小生命所需要的食物。请尽情地获取这些食物吧！

森林里随处可见鲜嫩多汁的野生果实，像草莓、黑果越橘、越橘等。在北方，此时应该有金灿灿的云莓可以品尝；在南方，则可以尝试欧洲甜樱桃、麝香草莓、樱桃等美味。

> 在这里，作者不仅向我们介绍了七月里与动植物相关的知识，还将它们描绘得像一幅有声有色的图画。你能把它们画下来吗？

草地已经褪去了金黄色，风儿吹过，一片片白色的洋甘菊在草地上翩翩起舞。在阳光的照射下，草地仿佛被笼上了一层白色的纱衣。

操心的母亲

母驼鹿和所有的雌鸟，都称得上是为孩子操心的母亲。

母驼鹿为了自己的孩子，甚至愿意牺牲生命。如果一头熊胆敢向小驼鹿发起攻击，母驼鹿会立刻上前保护小驼鹿，用四条腿对着熊乱踢乱蹬，狠狠地揍它一顿。

有一次，我们的记者正在田野间行走，一只小公山鹑突然从他们的脚边蹿了出来，而后飞快地跑进草丛里躲藏起来。

记者们在草丛里找到了它，捏着它的脖子把它提了起来，这只小山鹑似乎吓坏了，拼命地叽叽叫！母山鹑发现儿子被人抓了起来，急得咯咯叫起来，趴在地上，拖着一只翅膀、瘸着腿走路。

记者以为这只母山鹑受伤了，就放下小山鹑，赶过去看它。

母山鹑继续一瘸一拐地走着，记者们跟在它后面。但是每次记者伸手去抓它，它总能恰巧避开，让记者扑一个空。他们这样追了母山鹑一段路，突然，母山鹑拍拍翅膀，完全不像受伤的样子，若无其事地飞走了。

母山鹑是怎样与记者斗智斗勇，从记者手里救下小山鹑的？

等到记者们回过头来找小山鹑时，哪里还能看到半点影子？

这是一位母亲为了救儿子，故意假装受伤，将对方引开。它对自己的每个孩子都这样关心、呵护，要知道，它一共有二十个孩子呢。

小熊崽儿洗澡

我们认识的一个猎人有一次路过林间的一条河边时，突然听到很清晰的树枝断裂声。他有些惊慌，怕是遇上了对自己有威胁的大型野兽，于是连忙爬上了树。

他从树上向下看，发现是一头大棕熊带着两只欢快的小熊崽儿来河边洗澡。在它们身后，还跟着一只稍大一点的小熊，它是母熊一岁大的儿子，此时充当两只小熊的保姆。

母熊在河边坐了下来。小熊开始了它的工作，它叼起一只小熊崽儿，浸到河水里。小熊崽儿在水中不停地尖叫、挣扎，但小熊仍然不肯放开它，因为它还没有被洗刷干净。

另一只小熊崽儿因为害怕洗冷水澡，所以转身往林子里溜。

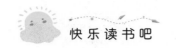

小熊没几步就追上了它，用熊掌拍了他几巴掌，然后用对待第一只小熊崽儿的办法，把它也浸到了水里。

小熊叼着熊崽儿在河水里冲呀，刷呀，忽然，它一下子没咬紧，小熊崽儿从半空中落进水里。小熊崽儿拼命号叫起来。母熊瞬间跳进河里，把小熊崽儿叼上了岸，并且狠狠揍了小熊一顿。

重新站在地上的两只小熊崽儿不再害怕，反而感到十分舒适。因为这天天气本就十分闷热，它们又披着一层厚厚的大衣，洗澡使它们凉快了许多。

四只熊洗完澡又回林子里去了，我们的猎人朋友便从树上下来，也回家去了。

食虫花

蚊子在森林沼泽地的上方飞了很久，想找一个地方歇歇脚，喝点什么解渴。这时，它看见了一朵花。那朵花长着绿色的茎和白色的花朵，它的花朵像一个个白色的小铃铛。在茎的周围，有许多圆圆的呈碟片形的红叶子，叶子上长着许多茸毛。茸毛上还沾着一滴滴晶莹的露珠。

蚊子停在了红叶子上，把尖尖的嘴插入晶莹的露珠中，想要汲取一口美味的甘泉。谁知那露珠十分黏稠，蚊子不仅没有喝到水，反而把自己的嘴粘在露珠上了。

突然，红叶子上的那些茸毛都蠕动起来，伸长出去捉住了蚊子。圆圆的叶子将蚊子包裹住，随即闭合起来。

当叶子重新展开时，蚊子只剩下一个干瘪的躯体，掉落在地上，而它的体液已经被花儿吸干了。

这种可怕的花朵叫作茅膏菜。它会
引诱蚊子之类的弱小昆虫前来停歇，然
后捉住并吃掉它们。

食虫花长什么
样？蚊子是怎么落
入食虫花口的？

如何扑灭山火

雷劈中森林中干燥的树枝很容易引起火灾。有人去森林里
游玩，把未熄灭的烟头或者篝火留在森林里，也很容易引起火
灾！

没有熄灭的篝火会蔓延开去，可能会碰到苔藓，也可能会
遇到一堆干燥的针叶或落叶。这时，它会突然从干枯的树叶下
方蹿出，瞬间燃尽一丛灌木，而后奔向下一
处……

对于这类山火，一刻也不要犹豫，趁
着它还微弱的时候，立刻动手扑灭它。如
果手边没有工具，你可以就地取材，折下

引起山火的
原因有哪些？

一把新鲜的水分充足的枝叶，用尽全力抽打那微弱的山火，千
万不要让它蔓延开来。如果你有朋友在附近，应该大声呼喊他
过来帮忙。

如果手上有铲子或棍子就更好了，你可以用铲子挖土，将
土或者草皮抛到火焰上，使火焰与空气隔绝，不得不熄灭。

如果火焰燃烧的范围已经不仅仅在地上，而是蹿到了空中，
燃着了一棵又一棵树，这时，一场大火已经在所难免。

你应该飞奔去找人救火，并对住在周围的人发出警报。

鸟的天堂

我们正乘着船在喀拉海东部航行，放眼望去，四周全是无边无际的海洋。

突然，索具兵叫了一声："我看到前方有一座倒立的山。"

"这是他的幻觉吧？"我这样想着，爬上了桅杆。

在这里，我清晰地看见我们的船正向一个布满了嶙峋山石的海岛驶去。这座海岛的山脚向上悬浮在空中，确实倒立着。

"伙计。"我不由得自言自语，"你的脑袋该转个弯了。"

这时，一个词突然闯入我的脑海——"折射"！这是一种神奇的自然现象。

在极地附近的海域内经常会出现这种折射现象，人们通常叫它海市蜃楼。你看到的远方突然出现的倒立着的海岸或者船只，实际上是它在大气中颠倒的映像，就像实物在相机的取景框里那样。

几小时后，我们的船驶近那个海岛。它当然不是像我们之前看到的那样倒立着，而是平静地将自己的山峰向上耸立。

船长确定了方位并看了地图后，告诉我们这是位于诺登舍尔德群岛入口处的比安基岛。

它之所以被这样命名，是为了表示对一位俄罗斯伟大的科学家——瓦连京·利沃维奇·比安基的尊敬。《森林报》就是为了纪念他而创刊的。

这座岛主要由礁石、巨大的漂砾和片石堆积而成。岛上光秃秃的，甚至连一根野草都找不到，只有少数地方绽放着淡黄和白色的小花。在岛上背风向南的一面，覆盖着些许地衣和苔藓。看到这里的苔藓，我不禁想起了鲜嫩多汁的松乳菇。后来，我去过很多地方，却再也没有遇见过这样的苔藓。在岛上坡度较为平缓的地方堆积着一堆一堆的漂来物——原木、树干和木板之类的东西。这些漂来物都是被大洋送来的，也许来自几千公里之外的地方。

现在是七月底，岛上的夏季才刚刚开始。仍然有浮冰和小型冰山从岛旁漂过，阳光洒落在这些冰块上，折射出耀眼的光芒。这里还经常起浓雾，在雾天里，你只能依稀看见从附近海域经过的船的桅杆。这里人迹罕至，很少有船经过。岛上的野兽没有见过人，所以并不害怕我们。

说比安基岛是鸟的天堂，可谓名副其实。数不清的鸟类在这里筑巢，其中有数以千计的野鸭、大雁、潜水鸟和各类鹬。此外，光秃秃的山崖上也居住着不少鸟儿，如海鸥、海鸠、暴风鹱等。居住在这座岛上的海鸥各种各样：有白鸥、黑翅鸥、红鸥、叉尾鸥，还有以鸟蛋和小兽为食的凶猛的北极鸥。这里还有浑身雪白的北极

> 在比安基岛，我知道了许多鸟儿的名字，也知道了一些鸟儿的特点，和伙伴说一说自己印象最深的是哪一种鸟。

猫头鹰，翅膀和胸脯都呈白色，歌声如云雀一样婉转动听的雪鹀；长着黑胡子，头上有很尖很小的角状羽毛的北极云雀。

我正坐在海岬后面的岸上吃早餐，几只兔尾鼠一直围着我转。兔尾鼠是一种小型啮齿动物，它们身上的皮毛很厚，毛色

是灰、黑、黄三种颜色相间。

岛上还有许多北极狐。我曾经透过岩石间的空隙，看到一只北极狐靠近还不会飞的海鸥的雏鸟。突然，海鸥发现了它，整个鸟群一齐扑扇着翅膀向它冲去。北极狐只好快速溜走。

这里的鸟类善于保护自己的幼雏，因此野兽们寻不到食物，只好挨饿。

我向远方眺望，发现远处的海面上也有许多鸟在低低地盘旋，于是打了声呼哨。突然，在靠近岸边的地方，一个个滑溜溜的圆脑袋钻出了水面，用深色的眼睛盯着我看，好像发现了什么新鲜事物似的。这些小脑袋属于环斑海豹。

在远一些的地方，一种更大的海豹——髯海豹也出现了。在更远的地方，还有个头比髯海豹更大的长着长胡须的海象。突然，海豹和海象都钻进水里不见了，鸟儿也猛地飞上了高空，水下冒出了一个大脑袋，原来是白熊从这里游过，把它们都吓走了。

我感觉饿了，就去拿放在身后石头上的早餐，可它却不翼而飞了。这时，从石头下面蹿出一只北极狐，它的嘴里还叼着我用来包灌肠面包的纸呢。

光天化日之下的劫掠

凶猛的鸟儿给农庄带来了很大的困扰，它们不仅在黑夜里捣乱，甚至在光天化日之下也敢劫掠。

农庄里的母鸡一不留神，小鸡就被老鹰抓走了。公鸡刚刚跳上篱笆墙，鹞鹰的爪子就向它袭来。不知从哪儿冒出一只隼，

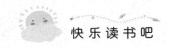

冲进鸽群，一下就咬死一只鸽子，然后叼着死鸽子消失在空中。

农庄主人痛恨这类凶猛的杀手，因而要把所有嘴巴像钩子、长着长爪子的鸟儿一股脑儿全杀死。他下定决心，第二天就开始干，把周围的猛禽全部消灭。但等到所有的猛禽被消灭完之后，他才会幡然醒悟：田地里的老鼠会不受控制地繁衍起来，黄鼠会偷偷地把田里的粮食吃个精光，野兔会啃坏地里所有的白菜。

于是，农庄主人遭受了巨大的经济损失。

谁是敌，谁是友

有些猛禽会杀死家禽，而对人类有益的鸟会消灭田鼠、黄鼠和其他致使我们的财产受损的啮齿动物，以及有害的昆虫。

为了避免发生误杀益鸟的情况，我们首先得学会分辨鸟的种类。

比如猫头鹰家族虽然长相特别，但都属于益鸟。即便猫头鹰中个头最大的那些——身体和耳朵都很大的雕鸮和身体大、头很圆的林鸮，虽然也会捕食家禽，但是它们更多地以啮齿动物为食。

谁是敌，谁是友？读完这篇，你能列张表格来帮大家辨别一下吗？

平日里最常见的猛禽是鹞鹰。我们这里的鹞鹰分两种：体型较大的苍鹰和个头小、身材瘦长的雀鹰。

要区分鹞鹰和其他猛禽，是一件很容易的事情。鹞鹰的羽毛呈灰色，胸前有波浪形的花纹，头小额低，有一双淡黄色的小眼睛，尾巴较长。

鹞鹰力气大，而且十分凶猛。它们能杀死个头比自己大的猎物，即便已经吃饱了，也会把鸟儿杀死。

老鹰则不像鹞鹰那样凶猛，它们看到大型猎物，不敢轻易去捕食，只是在空中打转观望，看看从哪里进攻可以轻易叼走一只蠢笨的小鸡，或是去啄食尸体。

长着尖尖的镰刀型翅膀的大型隼也是猛禽。它们飞行的速度非常快，总是在离地面较远的空中打击猎物，以防猎物躲过攻击时，自己因为速度过快撞击地面而死。

小型隼中有很多对人类有益的种类，比如红隼，也就是人们常说的"抖翅鸟"。

我们经常可以在田野上空见到棕红色的红隼，它们像是被一根透明的线吊在白云上，不停地抖动着那双轻盈的翅膀。它们之所以保持这样的飞行姿势，是为了更清楚地看到草丛里的老鼠、螽斯和蝗虫。

夏三月

导读

　　八月的森林一点儿也不平静，小鸟们已经长大，蜘蛛利用吐丝"飞行"……作者还带我们认识了食用菇，教我们选择合适的树苗。同学们也可以去森林寻找蘑菇或者种一棵小树，在动手的过程中，一定会获益匪浅。

分十二个月谱写的快乐篇章——八月

　　八月，是闪电之月。紫色或白色的闪电急速划过天空，无声地照亮了森林。

　　草地已经换上了夏季的最后一套装束：上面生长的鲜花越发娇艳，颜色也渐渐深了，变为蓝色和紫色，使草地看上去更加绚丽多彩。太阳的威力在逐渐削减，草地贪婪地收集着它临别时赠予的光芒，并保存起来。

　　园子里的蔬菜和水果开始成熟。无论是马林果和越橘这类晚熟的浆果，还是沼泽地里的红莓苔子、树上的花楸果，都正在成熟。

不喜欢灼热阳光的菌菇此时悄悄避过阳光，躲进阴凉地里，开始大肆繁殖。

树木也停止生长，不再变得更高、更粗了。

八月里，大自然有了好多变化，是不是又忍不住想将这些优美的文字变成一幅画了呢？

森林里的新习俗

森林里的幼崽都长大了，它们纷纷离开父母，自行觅食去了。

在春季里，鸟儿时常成双成对地住在自己的巢里，除了觅食很少外出。而现在，鸟儿们开始带着自己的孩子四处飞翔、玩耍了。

森林里的居民们开始互相串门。就连凶猛的走兽和飞禽，也不再像之前一样严格地守卫自己的地盘了。现在漫山遍野都是野味，它们不怕食物不够吃。

貂、艾鼬和白鼬在整片森林里到处乱转，四周都是美味可口的食物：呆呆的小鸟，笨拙的兔崽子，粗心的小老鼠……

鸣禽们成群结队地在树顶上转圈、闲游。

每一个群体都有自己的习俗。

习俗是这样的：我为人人，人人为我。

要是谁先发现了敌情，就会立刻尖叫一声，向大家发出警

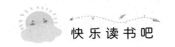

报，以便整个群体中的成员分散逃生。如果群体中有一员落难，整个群体就会齐心协力地发出吆喝或尖叫声去吓走敌人。

群体里有一百双眼睛注视敌人、一百双耳朵倾听敌人的动静、一百双尖嘴准备随时应对敌人的进攻。汇入群体中的成员越多越好。

群体里为幼崽们定的规矩是：在各个方面要向年长者学习。

这个群体非常团结，它们的规矩也非常科学。

如果年长者在悠闲地啄谷粒，你就也跟着啄食；如果年长者忽然抬起头不动了，你就也跟着一动不动；如果年长者开始逃跑，你就也立刻开始逃跑。

教场

鹤和黑琴鸡都为年轻一代专门设置了教学场地。

黑琴鸡的教场在森林。年轻的黑琴鸡们聚在一起，学习老黑琴鸡做什么。

老黑琴鸡自言自语，年轻的黑琴鸡也开始自言自语。老黑琴鸡叫一声，它们也跟着叫一声。

老黑琴鸡现在不再念叨春天的那一套了。在春天时，它老是念叨："我要把大衣卖掉，买件宽松的外套。"可现在它说的是："我要把外套卖掉，买件大衣。"

年轻的鹤也来到了它们的教场，它们正在学习如何在飞行中保持正确的队形——三角形。学习这个本领，可以让鹤群在飞向遥远的地方时节省不少体力。

三角队形中，排在最前方的是一只体力最好的老鹤。它负责冲破气浪，带领全队，这需要耗费很多体力。等到它体力不支的时候，会由另一只精力饱满的鹤来接替它。原先的领头鹤则会换到队伍的末尾，稍作休息。

年轻的鹤一边扇动着双翅，一边有节奏地交替着飞到领头的位置。体力好的排在前头，体力差的排在后面。领头的鹤如同乘风破浪的帆船一般，冲开气浪，带领着三角形的队伍向前飞去。

会飞的蜘蛛

没有翅膀可怎么飞？

蜘蛛没有翅膀，但它耍一点小花招，就可以让自己成为半空中的小小飞行员。

蜘蛛先从肚子里吐出细丝，在灌木丛上结了一张细密的蛛网。风儿从林间穿过，拉着它的蛛丝绕来绕去地荡秋千，可就是扯不断蛛丝。

> 没有翅膀的蜘蛛怎么飞？试着用"先……接着……然后……最后……"的顺序说一说。

蜘蛛蹲在地上，看着挂在树枝、灌木和地面之间的轻柔的蛛丝在空中飘荡。它继续吐着丝，把自己也绕进蛛丝里面，看起来就像被裹在了一个由白练织成的圆形小球里。但蜘蛛还没有停止吐丝。

蛛丝变得更长了，风儿不泄气，更加努力地拉扯它。

蜘蛛用几条细腿抓住地面，使自己能够站稳。

"一、二、三！"

风儿来了，蜘蛛迎风而上，被风儿卷起，脱离了地面。它迅速咬断连接自己与地面的细丝，将身上缠绕着的蛛丝弄开。

它在高高的空中飞翔，从草丛和灌木丛的顶上掠过。接着，它开始选择最佳的降落点。下面是森林、小河。继续向前飞！

现在下方是一个院子，一群黑压压的苍蝇在粪堆上飞舞。停！就这里吧！向下！

它开始往自己的身下缠丝，用爪子把蛛丝搓成一个小球。银白色的小球在空中缓缓下降，越来越低……

准备好！要着陆了！

蛛丝的一端粘在了小草上，蜘蛛平安落地了。

它将在这里开始新的生活。

蜘蛛带着它的蛛丝在空中飞翔的情景，大多出现在晴朗干燥的秋季里。村里的农民们说："秋天要来了。"看那空中飞舞着的闪闪发亮的银丝——那是秋天的白发呀。

山羊吃了一片林子

这可不是开玩笑，它真的吃了一整片林子。

护林员买回这只山羊后，将它拴在自己的林子里的一根木桩上。当天晚上，山羊不知怎么挣脱了绳子，逃走了。

好在这里没有狼。但是四周全是茂密的森林，它能跑到哪里去呢？

护林员寻找了三天，也没有找到那只山羊。谁知到了第四天，那只山羊自己回来了。它一回来就对着护林员"咩咩"叫，似乎在说:"您好,我不是在这儿嘛!"

傍晚时分,邻村的护林员忽然找上门来。原来这只山羊在过去的三天里,将邻村护林员所管辖的地区的树苗吃了个精光,整片林子都被它吃空了。

林子里的小树苗是无法保护自己的,任何一头牲口都可以随意欺负它,用舌头将它从土里连根卷起、吃掉。

山羊最喜爱的食物是小松树。它们长着青葱而细嫩的松针,看起来很像缩小版的棕榈树。小松树红且细的根部,以及翠绿柔软的扇子一般排开的松针,对于山羊来说确实是很有诱惑力的美餐。

但山羊不会靠近成年的松树,因为成年松树的针叶会扎疼它。

熊的胆量

猎人回到村庄里的时候,天色已经很晚了。他从燕麦地旁边走过,发现燕麦中似乎有个黑乎乎的东西在打滚。猎人猜测:也许是牲口误入了燕麦地。

可他仔细一瞧——老天,根本不是什么牲口,而是一头熊在燕麦地里!那头熊用背朝天、脸朝地的姿势趴着,两只前爪环抱着一簇麦穗,塞到自己的嘴里,吸取麦穗里的汁水。吸完之后,那头熊懒洋洋地伸开了四肢,发出一阵呼哧呼哧的声音,似乎刚刚喝的麦穗汁让它还挺满意的。

猎人的手里现在没有子弹,只有霰弹。但是霰弹太小了,只适合用来打鸟,而打不死熊。不过,这个猎人是个有胆量的

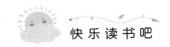
家伙，他想：不管了，我先朝天放一枪再说。不能让这头熊把农庄里的燕麦糟蹋了。只要我不伤到它，它就不会碰我。

猎人托起枪，四周是绝对的安静，只听得到风吹过麦穗的声音。突然，他对准那头熊的头顶上方，放了一枪。田地旁边有一堆枯树枝，那头熊听到枪响，便像一只受惊的小鸟一般，嗖地从这堆枯树枝上蹿了过去。中途，它还打了个滚儿，不过马上又站起来，头也不回地向前方森林里跑去。

> 好胆小的熊！它逃跑的样子太逗了。不过，再往下看，你的表情一定变了。

猎人在心里嘲讽了一番熊的胆量，就回家去了。

到了第二天早晨，他又想：我还是去看看，昨天那头熊压坏的庄稼多不多。他来到昨天的燕麦地旁，看见熊疯狂逃窜留下的踪迹，一直延伸到森林里。

猎人带着好奇心，循着踪迹找去，发现熊躺在林子里，已经死了。

由此可见，突然发生的惊吓多么可怕！即便是对森林里最强大、最凶猛的野兽来说，也不例外！

食用菇

雨后，蘑菇又长出来了。

最好的蘑菇就是长在松树林里的白蘑，也叫作牛肝菌。牛肝菌长得粗壮厚实，肉质肥厚。它的伞盖的颜色比咖啡色更深一些，散发出一股让人闻了会心情愉悦的气味。

雨后，森林里的小路上长满了牛肝菌，它们经常被茂密的野草所掩盖。有时候，它们直接长在车辙里。牛肝菌刚长出来时，样子非常漂亮，像一个个小线团。牛肝菌很黏，所以身上老是粘着一些东西，比如树叶、小草和一些其他东西。

还是在这片松林里，有一片绿草地上，长满了松乳菇。这种松乳菇呈棕红色，颜色很深，你站在老远就能望见。老的松乳菇差不多有一个碟子那么大，伞盖上被蠕虫咬出许多细密的小洞，菌褶微微发绿。如果你要采摘松乳菇，最好采那些中等大小——比五戈比硬币稍大的，这种松乳菇口感最肥实。它的伞盖中央微微凹陷，边缘向上卷起。

除了松林，云杉林里也有很多蘑菇。云杉树下既有白蘑，也有松乳菇，不过这里的白蘑和松乳菇与松林里的比起来，又有点不同。云杉林里的白蘑伞盖带一点黄色，散发着微弱的光泽，伞柄也要更细、更长。松乳菇则完全变了颜色，不再是很深的棕红色，而是蓝色的，其中还夹杂着一点绿色，伞面上有一圈圈纹路，像树桩上的年轮似的。

白桦和山杨树下也长起了不同的蘑菇，分别被称为"桦下菌"和"杨下菌"。事实上，桦下菌生长的地方距离白桦树有些远。相反杨下菌紧靠在白桦树的根上，这种菌只能生在树根上。杨下菌十分规整，伞盖和伞柄都仿佛被磨过了一样。

应当种什么

什么树苗最适合培育新林呢？

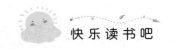

我们为了培育新林，选择了十六个乔木品种和十四个灌木品种，这些品种的树苗适合种在苏联的不同地区。

其中，最主要的乔木和灌木品种是：橡树、白杨、山杨、白桦、榆树、枫树、松树、落叶松、桉树、苹果树、梨树、柳树、花楸、金合欢、野蔷薇、茶藨子。

应该让所有的孩子都知道这一点，以便他们记住应当采集哪些种子供苗圃作储备。

> 这么多乔木与灌木的品种，你认识哪几种呢？不认识的，想办法认识它们。

猎野鸭

猎人们发现了一个规律：当春天出生的野鸭能够自己飞行的时候，它们就会整窝整窝地聚集在一起，在一天内完成两次集体迁移。白天，它们钻进芦苇荡里休息；到了晚上，它们就从芦苇荡里飞出来，成群结队开始外出觅食。

一个猎人正在等候。他知道这些野鸭们将往田野里飞去，所以在这里等待着它们。他躲在岸边的树丛里，看着日落的方向，那里的天际出现了一条宽广的光带，在火红的落日的映照下，它显得无比明亮，仿佛烧着了一样。一群群野鸭飞行的黑色轮廓距离猎人越来越近。他举枪，瞄准。不止一只野鸭被他突然射出的子弹击落。

他一直射击到天黑。

晚上，野鸭们在农民们的田地里觅食。到了清晨，它们又一起飞回芦苇荡休息。

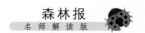

森林报
名师解读版

一个埋伏好的猎人正在它们返程的路上等候着。野鸭们的黑色轮廓距离他越来越近了……

秋一月

导读

秋天是和春天"相反"的季节。秋风一吹，草木枯萎，鸟儿迁徙，小动物们也开始寻找合适的冬眠地，森林似乎已经做好了沉睡的准备。在这里，同学们会注意到，有些鸟儿迁徙的方向是自西向东，而非自北向南，这是为什么呢？

分十二个月谱写的快乐篇章——九月

这段话，融知识性与文学性于一体，读起来真美！这种句子值得摘录下来。

九月，乌云遮空，森林里也变得阴郁起来。随着呼啸而来的秋风，越来越多的阴霾浮现在天空中。秋季的第一个月到来了。

秋季与春季的工作进程是完全相反的。秋天的到来，最初显露在空中。头顶上翠绿的树叶逐渐变黄、变红，或者变成褐色。秋季，阳光很少冒头，而树叶缺少阳光，便要枯萎、褪色了。即便天气温和，静止无风，树叶依旧会从树枝上坠落，这里落下一片黄色的白桦叶，那里落下一片火红的山杨叶。它们轻盈地在空中打着转儿，悄无声息地触摸地面。

清晨起来的时候，你可以在草上发现今年的首次雾凇。秋天到来了。从这天起，树叶会更加频繁地从枝头飘落，直至寒风袭来，卷走树上的残叶，帮助树木褪去它们美丽的夏装。

雨燕不见了。燕子和在我们这里过夏的其他候鸟一起，预备趁着夜色踏上遥远的征途。连空气都在变冷，水也变得冰凉，让人提不起游泳的兴趣。

然而，像是在纪念离开的夏天似的，天气突然晴朗起来。白天如夏天一般温暖、和煦，还能在空中看见一条条晶莹细长的蛛丝……田野里的庄稼似乎也镀上了一层光泽。

"这是秋老虎来了！"村里的人边说边欣慰地观赏着田地里的这一批秋苗。

森林中的小动物们已经开始为冬天的到来做准备。与新生命有关的一切工作在来年春天之前都已经停止。只有母兔似乎还没有从生机勃勃的夏季里缓过神来，又生下了一窝小兔崽儿。这个时候出生的小兔崽儿是秋兔，也叫"落叶兔"。

伞柄很细的蜜环菌也出现了。

夏季彻底结束了。

候鸟迁徙的季节已然来临。

首份林区来电

所有身着漂亮彩衣的鸟儿都消失了。我们没有目送它们离开，因为它们是在夜间启程的。

许多鸟宁愿在夜间飞行，因为这样危险性小。那些从林子里钻出来等候它们的猛禽，如隼、鹞鹰等在晚上看不清东西，不会前来招惹它们。而候鸟却可以在夜晚找到通往南方的路径。

哦，那些身着漂亮彩衣的鸟儿在夜间启程迁徙，原来出于安全考虑啊，它们的自我防护意识挺强呢！

在宽阔的海面上，出现了一群群水鸟，有野鸭、大雁和鹬。它们会在自己春天逗留过的地方稍作歇息。

森林中，树上的叶子正在变黄。一只母兔又生下了六只小兔崽儿，这是它今年的最后一窝孩子。

有人在海湾长满水藻的浅滩上留下了一个个小小的十字形印记。整个藻滩上到处都是这种小十字，此外还有一些小圆点。我们在海湾的岸上搭了个棚，准备仔细观察，看看到底是谁这么淘气。

告别的歌声

白桦树上的枝叶明显变得稀疏了。被主人抛弃的椋鸟窝孤孤单单地架在光秃秃的枝干上，在秋风的呼啸声中摇摇晃晃。

突然，不知从哪里飞来两只椋鸟。雌鸟先钻进了窝里，忙活了一阵。雄鸟则停在不远处的一根树枝上，四下里东张西望……随后唱起歌来。不过它的声音很小，似乎只是在自娱自乐。

等到雄鸟唱完了，雌鸟也从窝里飞了出来，它们一起向着自己群体所在的地方飞去。该离开了，它们明天将要踏上遥远的征程。

它们是特意来和自己的小窝道别的。

它们明年春天还会回来，继续住在这个小窝里。

林间巨兽的格斗

黄昏时，森林里传出了激烈的低吼声。两头身体健壮、头上长角的体型巨大的公驼鹿从密林中走了出来。它们用低沉的吼声向对方宣战。

它们来到林间的空地上，用蹄子刨起地上的土，有些狂躁地晃动着头上两只沉重的角。它们两眼通红，注视着对方。忽然，它们同时向对方冲了过去，两只角在空中碰撞，发出沉闷的撞击声。它们试着将自己的体重也当作压力施加给对方，企图趁机扭断对手的脖子。

> 这场格斗写得如此激烈，给读者以身临其境之感，主要秘诀在于作者将它们的动作写得相当传神。把两头公驼鹿格斗的动作圈出来好好体会。

它们斗了一会儿，彼此向后退开，随后重新投入战斗。它们曲起脖子，把脑袋低低地垂向地面，接着前蹄凌空立起来，

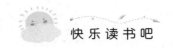

继续用两只角对打。

森林里的沉重撞击声持续了很久。公驼鹿被人称为枝形角兽，是因为它们的角十分宽大，而且样子很像树杈。

在森林里，经常有公驼鹿战败而逃。有的因为可怕的双角的打击，被折断脖子而死。也有的被战胜的公驼鹿用蹄子踩踏而死。

于是公驼鹿的吼声再次响彻整个森林，那是胜利者吹响了号角。

在森林深处，头上不长角的母驼鹿正在等候它的归来。胜利的公驼鹿成了这一片区域上的霸主。它不让任何一头公驼鹿进入它的领地，连年轻的公驼鹿也不行。

它的吼声低沉而具有震慑性，可以传到很远的地方。

第二份林区来电

我们已经知道那些十字印记是什么动物留下的了。

那是鹬的杰作。

它们在海藻丛生的海湾可以找到许多美味的食物果腹。所以它们在这里歇脚，觅食。它们细长的脚踩在松软的水藻上，留下三个脚趾分得很开的爪痕。它们伸出长长的坚硬的喙去海藻中啄食，于是留下一个个小圆点。

我们捉到一只今年夏天一直居住在我家楼上的鹬，并在它的脚上套了一个轻金属脚环。脚环上有"莫斯科，鸟类学委员会，A 型 195 号"的字样。让它戴着这个脚环离开吧，如果有人在它的越冬地抓住了它并与我们取得联系，我们就可以知道它们每年去哪里越冬了。

树林中的树叶已经完全变色，再无半点翠绿的景象，而且开始凋落了。

给鹳套上脚环作记号，这种科学研究的方法，我们在生活中也可以学着用哦！

胆大妄为的攻击

在列宁格勒的以撒教堂广场上，无数行人的眼前发生了一起胆大妄为的攻击事件。

一群鸽子从广场上飞起，突然，一只游隼从以撒教堂的圆顶上飞快地俯冲下来，扑中了位于边缘的一只鸽子。洁白的鸽毛从空中飘撒下来。

鸽子们大惊失色，都躲到了一幢大房子的屋檐下，游隼则用爪子抓着自己刚刚捕获的死去的猎物，摇摇晃晃地飞回教堂的圆顶上。

众目睽睽之下发生这样的"惨案"，我们还没反应过来，那只鸽子竟然已经被抓走了，这凶手真是"心狠手辣""胆大妄为"！

一些凶猛的隼的迁徙路线经过我们的城市上空。这些在空中飞行的强盗最喜欢伫立在教堂的圆顶或钟楼上，因为这里便于它们寻找猎物。

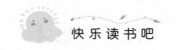

第三份林区来电

凛冽的早霜已然来袭。

在雨水的打击下，一些灌木丛像是被刀割了一般，叶子纷纷落尽了。

蝴蝶、苍蝇和甲虫都已藏身于安全的地方。

一些候鸟急匆匆地穿过小树林和长着树苗的林子。它们已经十分饥饿，需要尽快找点食物充饥。

> 早霜来袭，动物有了哪些变化？"灌木叶落""昆虫藏身"……尝试用类似的词组概括出来。

鸫鸟却恰恰相反，它们正成群结队地扑向一串串已经成熟的花楸树的果实。

森林里的树叶落尽了，寒风从中呼啸而过。树木进入了今年的休眠期。林子里再也听不到鸟儿的歌唱了。

连蘑菇都忘了采

九月的一天，我和伙伴们相约去森林里采蘑菇。正走着，我一不小心惊动了四只短脖子的灰色花尾榛鸡。

接下来，我又见到了一条死蛇。它长长的身躯挂在树墩上，已经被风干了。我似乎听到树墩上的那个小洞中传来咝咝的声音，因为害怕这里是个蛇窝，所以赶快离开了。

之后，我走到沼泽附近。我见到了我以前从没有看见过的景象：七只白鹤从沼泽地里向天空飞去，仿佛七只绵羊似的云朵飘浮在天空中。我以前只在学校的海报上见过这种鹤。

我的伙伴们都采了满满一篮子蘑菇，只有我一个人在森林里跑来跑去。我太兴奋了，因为从林子里的各个地方传来各种各样的鸟叫声。

我们回家时，一只灰色的兔子从我前方的路上横穿过去。它跑得很快，我只看清了它的脖子和一条后腿，都是白色的。

我绕了一条路，避开那个有蛇窝的树墩。一群大雁从我们的村子上空飞过，发出嘹亮的叫声。

躲藏起来……

天气日渐变冷。

温暖而欢乐的夏天已经离开。

身体里的血液渐渐变冷，流动得更慢了。行动慢慢变得无力，整天昏昏欲睡。

有着长尾巴的北螈整个夏天都待在池塘里，不肯离开。现在，它终于忍受不了池水的冰冷，爬到岸上寻找温暖的地方过冬。它爬进森林，钻到一个腐烂的树墩里，把身子蜷成一团，闭上眼睛。

青蛙却从岸上跳进水里，钻入温暖的水底，躲在水藻和淤泥下。

靠近树根的地方生长着许多苔藓，蛇和蜥蜴就钻进这些苔藓里

为什么在冬天很少看到活蹦乱跳的动物，原来跟它们体内血液流动得慢有关系。

71

取暖。鱼儿也不再浮出水面，一群群躲在水下的深坑里。

蝴蝶、苍蝇和蚊子都钻进自己的躲藏地——小洞、树皮上的小孔、墙缝以及篱笆缝里。蚂蚁关上高高的蚂蚁城堡的城门，并堵住所有的出入口，然后钻进蚁穴的最深处，一动不动了。在接下来的几个月中，它们将忍受饥饿。

对于哺乳类和鸟类这样的恒温动物来说，只要找到食物，吃一点下去，身体就能暖和起来，抵御寒冷。而冷血动物却只能忍受饥饿，煎熬度日。

蝴蝶、苍蝇和蚊子躲起来了，蝙蝠就没了赖以生存的食物。它们只好躲进树洞、岩洞和山崖的裂缝里，用爪子勾着什么东西将身体倒挂下来，用翅膀盖住身体，开始休眠。

青蛙、蛤蟆、蜥蜴、蛇、蜗牛全都躲藏起来了。刺猬躲进了自己的草窝里，它的草窝藏在树根下面，十分隐蔽。獾则躲进自己的洞穴中。

鸟类飞往越冬地

高空中观赏到的秋日景象

从高空俯瞰俄罗斯辽阔的土地，该是多么美妙的一件事啊！初秋时节，你乘坐热气球升到空中，就能俯瞰辽阔的森林。虽然在这里仍然不能一览苏联的全部领土，但放眼望去，目光所及的这片区域是多么壮阔啊。当然，这一活动得在晴朗的天气进行，不然你的视线将会被遮挡。

在空中俯瞰，你会觉得大地在缓缓移动。因为森林、草原、山岭、海洋的上方，似乎有东西在动。

那是数不清的鸟类。

苏联的候鸟踏上了前往越冬地的迁徙之路。

当然，并不是所有的鸟儿都离开了。还有些鸟儿，如麻雀、鸽子、寒鸦、红腹灰雀、黄雀、山雀、啄木鸟等留在这里。除了鹌鹑之外的所有走禽，苍鹰和大猫头鹰也留了下来。但大部分鸟儿都飞到温暖的地方过冬去了，致使留在这里的鸟儿在冬天无事可做。春天回来得最晚的那些鸟儿是在夏末飞走的。鸟类的迁徙时间一直贯穿整个秋季，直至河水结冰。白嘴鸦、云雀、椋鸟、野鸭、鸥鸟等是最后一批离开我们的鸟儿。

> 苏联的秋天来临时，哪些鸟儿要迁徙，哪些鸟儿最后一批离开？

自西向东飞

"切——依！切——依！"这是红喉歌鸲在彼此呼应。它们在八月份就开始了自己的行程，从波罗的海沿岸出发了。它们走得悠闲从容，因为沿途到处都有食物可以果腹，何必那么着急呢？又不需要回家筑巢孵小鸟。

我们看见它们从伏尔加河和乌拉尔山脊上飞过，如今来到西西伯利亚的草原——巴拉巴。它们一直向着东方——太阳升起的方向前进，飞过巴拉巴草原上的一座又一座树林。

它们每到夜间便开始赶路，白天的时间则用来寻找食物和

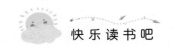

休息。即便它们是群体迁徙，每一只鸟也时刻保持着警惕，以免遭遇不测——落入鹰爪。在西伯利亚生活着许多不同种类的鹰——苍鹰、燕隼、灰背隼等。它们都是空中劫掠的高手，不知抓走过多少过路的鸟儿。但在夜间，鸟儿们的生存率就大大提高了，因为大多数鹰不在夜间捕猎，只有少数猫头鹰会对它们产生威胁。

红喉歌鸲们在西伯利亚转变了前行的方向，它们越过阿尔泰山和蒙古沙漠，向它们的目的地——炎热的印度飞去。这一路上，不知又会有多少鸟儿丧命。

秋二月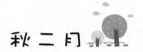

秋雨连绵的十月，秋姑娘彻底褪去了夏日的花衣裳，换上一身素装。动物们也开始用各自的方式为过冬做准备。人和动物是好朋友，动物和我们一样热爱自己的家园，喜欢自由，抓松鼠可不是一个好行为，同学们要引以为戒。

分十二个月谱写的快乐篇章——十月

十月，入目都是落叶、泥泞。这是准备过冬的时节。

萧瑟的秋风卷走了树枝上的最后几片残叶。秋雨连绵。蹲在围墙上的一只乌鸦被雨淋湿了，无聊地拍打着翅膀。它也即将踏上迁徙之路了。一些灰色乌鸦夏天来到我们这里，冬天就往温暖的南方迁徙，一些生在北方的乌鸦则悄悄地飞到这里过冬。乌鸦也是一种候鸟，它们每年最先飞临这里，最后才离开。

秋姑娘做完第一件事——帮助森林脱下美丽的夏装后，开

始着手干第二件事——使水结冰。每天清晨，一些小的水洼表面被覆上一层脆弱的薄冰。河水与空气都变得毫无生气。夏天开在河面上的鲜艳的花朵都已将自己的种子沉入水底的淤泥中，长长的花柄也伸到了水下。鱼儿群聚在水底的深坑里过冬。长着尾巴的北螈整个夏天都待在水里，现在却不得不爬上岸，钻到树下的苔藓里过冬。

生活在岸上的冷血动物也慢慢不见了。昆虫、老鼠、蜘蛛、多足纲动物都不知道藏到哪里去了。蛇钻进温暖的洞里，互相缠绕在一起取暖，身子却依旧慢慢冷了。青蛙钻进了淤泥里，蜥蜴缩在树墩上裂开的树皮里冬眠。至于野兽，它们有的换上了厚实暖和的毛皮大衣，有的在洞穴里开辟粮仓，还有的在为自己筑造温暖的洞穴。大家都在为冬天的到来做准备。

准备过冬

冬天还没有到来，可是依旧不能放松，否则一旦严寒来袭，土地和河水全都被冰封住，到时候你靠什么果腹，到什么地方藏身呢？

森林里的每一种动物都有自己准备过冬的方法。

有的动物到了一定的时间就迁徙到温暖的地方，躲避寒冷的冬天。有的动物并不离开家乡，但是会储备许多粮食，以免冬天因找不到吃的而挨饿。

其中，田鼠对于储存粮食尤其热衷。许多田鼠直接将自己

作者写到了好些动物，它们过冬的方法可谓"无奇不有"。可以边读边作批注。

过冬的洞穴开辟在禾垛里和粮垛下，每天晚上偷偷搬运谷物，作为自己过冬的储备粮。田鼠会挖五六条通往自己洞穴的通道，以便外出偷运粮食。地下洞穴里有一个卧室和好几个粮仓。

田鼠在冬季最寒冷的时候才开始冬眠，所以它们要储存大量的粮食，以供自己冬眠前食用。有些田鼠的粮仓里甚至有着四五公斤的存货。

这类体型较小的啮齿动物在我们的田地里大肆偷窃，我们应当对它们予以防范。

本身就是一座粮仓

许多野兽不为自己专门修建粮仓，因为它们本身就是一座粮仓。

它们在秋天吃进比平时多得多的食物，使自己变得很胖，身体里全是肥肉和脂肪，所有的营养都在这里面了。

哇,好办法,把自己养肥,变成一座"粮仓"！哪些动物是这样做的？

身体里的脂肪，就是它们为自己储存的过冬食物。厚厚的一层脂肪沉积在皮下，当动物们肚子里没有食物时，脂肪就如同食物一般被肠壁吸收，渗透到血液里，血液便把营养输送到全身。熊、獾、蝙蝠和其他在整个冬季都保持冬眠的动物都是这么做的。它们将自身这座粮仓塞得满满的，就安心地睡觉去了。

它们的脂肪不仅为自己提供营养，还能起到保暖作用。

小偷偷小偷贮存的食物

说起狡猾和偷东西，猫头鹰可谓是声名远播。但是森林里最近又出现了一个小偷，将猫头鹰耍得团团转。

长耳猫头鹰长得很像雕鸮，只是体形稍小一些。它的嘴呈钩形，头上的羽毛立起，眼球突出。无论是在多黑的夜里，它都能看得见，听得清。

老鼠在干枯的草丛中穿行，发出细微的窸窣声，猫头鹰立刻闪现在它身后——老鼠的身体被腾空抓起。一只兔子在黑夜的空地里快速闪过，猫头鹰唰地出现在它头顶——兔子也难逃利爪。

猫头鹰将自己猎杀的老鼠和其他小动物一只只叼进自己的树洞里，并不马上食用，也不和其他的猫头鹰分享。它要把这些食物珍藏起来，留着应付冬天。

猫头鹰白天待在洞里守卫自己的食物，晚上才出去捕猎。即便在捕猎期间，它也会不定时地飞回来一趟，看看自己的食物是否还在。

忽然，猫头鹰觉察到自己的储备粮似乎变少了。猫头鹰的眼睛非常犀利，它不靠数数，而靠眼睛留意着自己储存的食物数量。

黑夜再次降临时，猫头鹰感到饥饿，便飞出去捕猎。

等它回来时，洞里已经空空如也——储备粮全消失了。猫头鹰依靠自己犀利的眼睛在洞中搜索，很快便找到了可疑者——一只身长与家鼠差不多的灰色小动物。

猫头鹰伸出爪子去抓小动物，可那个小家伙非常滑溜，一

下子从身下的小孔中钻了出去，飞也似的跑了。它的嘴里还叼着一只死老鼠。

猫头鹰看清了小偷的样子，但没有追出去，因为它害怕了。原来小偷是一只十分凶猛的小兽——伶鼬。伶鼬靠劫掠别人的食物生存，虽然体形很小，却凶猛异常，猫头鹰在它手下也未必讨得了好。

受了惊扰

池塘被冰封住了，池塘里的居民也都被困在了深深的水底。之后的某一天，冰突然融化了。农夫们决定稍稍清理一下塘底，于是拿出铁锹等工具，从池塘里挖出一堆堆淤泥。他们将淤泥抛在岸边，就离开了。

太阳一个劲儿地照耀着，炙烤着大地。岸上的一堆堆淤泥上冒起了蒸汽。忽然，一团淤泥跳出淤泥堆，滚了起来。一个泥团伸出了一条尾巴，在地上有气无力地甩动了两下，接着扑通一声跳回了池塘。

这处描写太有趣了：泥团居然活了！它们是谁呢？

另外一些泥团则伸出细小的腿，跳离了池塘。真是奇怪！

其实，这些淤泥并不是真的泥巴，而是浑身沾满了泥巴的青蛙和鲫鱼。它们钻到水底的淤泥里过冬，被农夫当作淤泥一起挖出来，抛在岸上。太阳散发的热量烤干了紧紧粘在它们身上的淤泥，青蛙和鲫鱼就苏醒了。鲫鱼苏醒后立刻跳回了池塘，青蛙则要去选一处更加安全的、不会在睡梦中被人抛出去的地方。

几十只青蛙仿佛约好的一般，都向打谷场和路的另一边跳去，在那里，有一个更大更深的池塘可供它们藏身。它们满怀信心，很快便来到了路边。

不过，秋天的天气是变幻无常的。

天空中刚刚还艳阳高照，现在却已乌云密布。凛冽的寒风刮起来，将这些跳动着的小小旅行者冻得四肢僵硬。青蛙还在尽力跳动着，然而没跳几下，就直挺挺地倒下了。它们的腿脚僵硬了，血液也凝固了。青蛙被冻死了，再也无法跳跃了。

它们的身体躺在地上，再也不能动弹，脑袋却向着同一个方向——路的另一边——温暖的大池塘。

"天有不测风云，人有旦夕祸福"。世事难料啊！

我抓了只松鼠

松鼠一直在为这样一件事而操劳：夏天收集足够的食物储存起来，冬天就不缺吃的了。我亲眼看见一只松鼠是怎样从云杉树上摘下球果，并把球果拖进树洞里的。我记住了这棵树的位置，后来，我们砍倒这棵树并从中抓出松鼠时，发现树洞中果然储藏着不少球果。我们把松鼠带回家，关进笼子里。一个小男孩把手指伸进去逗它，松鼠一口将那个男孩的手指咬破了——它就是这个样子。我们喂它吃云杉球果，它挺喜欢的。不过它最爱的食物还是坚果。

巫婆的扫帚

在这个季节里，树木的叶子落光了，那些在夏日被繁茂的枝叶遮掩住的东西，如今你可以看得清清楚楚。从远处看时，只见这一片白桦树上仿佛密密麻麻架着不少白嘴鸦的窝。可当你走近看时，就会发现这些根本不是鸟巢，而是无数伸向不同方向的细密的枝条交织在一起，组成了人们口中的"巫婆的扫帚"。

在苏联的民间故事中，老妖婆通常乘坐木臼在空中飞来飞去，用掸子清除掉自己经过的痕迹；巫婆则骑着一柄扫帚，从烟囱里飞出去。可见，无论是巫婆还是老妖婆，想飞都离不开"坐骑"的帮助。于是她们对各种树木施了魔法，让它们长出一团团类似扫帚的树枝来。

这明明是一本科普作品，作者为什么要在其中写一个传说中的民间故事？

——某些讲故事的人是这么说的。

那么，以科学的眼光来看，这又是怎么一回事呢？

其实，树上长出的这些团状的枝条是由一条条病枝构成的。而病枝的出现，则是因为螨螨和真菌的作用。螨螨呈颗粒状，又小又轻，一阵风刮过，它们就随着风飘出去了。螨螨落到某根树枝上，就爬到幼芽上安家。正在发育的幼芽将会长成嫩枝。螨螨住在幼芽上，叮咬幼芽，吸食它的汁水，并将分泌物留在上面。于是，幼芽生病了。等到幼芽开始萌发的时候，这种病态幼芽的生长速度要比正常的幼芽快六倍。

病态幼芽很快长成短短的新枝，等到新枝长出旁支时，螕螨的子孙又爬上新的嫩枝，新枝继续分叉……树木的这种分叉现象不断继续下去，就形成了蓬乱交叉的"巫婆的扫帚"。

如果落到树木幼芽上的是寄生类的真菌孢子，也会发生这样的情况。

我们通常能在白桦、赤杨、山毛榉、鹅耳枥、松树、云杉、冷杉以及一些其他乔木和灌木上看到"巫婆的扫帚"。

活纪念碑

如今正是植树造林的好时节。

大人们都积极参与这个有益且使人愉悦的活动，孩子们的表现也丝毫不逊色。孩子们将小树苗从坑里挖起，移栽到另一个地方。为了不损伤树苗的根部，他们的动作十分小心谨慎。等到了春季，移栽的小树苗从休眠中醒来，开始蓬勃生长，那会给种树人带来难以形容的快乐。每一个栽种和培育了小树的孩子——无论种的树多或是少——都为自己树立了一座美丽的绿色纪念碑。这是一座永远活着的纪念碑。

孩子们还提出了个好主意：在花园和学校的四周弄上一些活篱笆，里面栽一些灌木丛和小树。这些灌木丛和小树不仅可以抵御风沙和大雪，而且能为小鸟提供一个安全的藏身之所。到了夏天，金翅雀、赤胸朱顶雀、莺和我们的其他歌手朋友在这里筑造自己的小窝，繁衍后代。这些真诚的朋友在花园和菜地里寻找虫子充饥，使花儿和蔬菜免受毛毛虫和其他昆虫的侵害。此外，我们还能时常听到它们美妙的歌声。

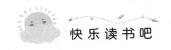

快乐读书吧

少年自然界研究小组中的几位成员在夏天从克里米亚带回一种有趣的灌木种子——"列瓦"。如果我们将它种下去，等到春季长成活篱笆后，一定要在上面挂一块告示牌：请勿触摸！

列瓦像刺猬和猫一样会刺人、抓人，又像荨麻一样灼人。它们是戒备心非常强的守卫，绝不允许有谁穿过它们严密的防守。

> 这些孩子们做的事情，你也能做。

秋三月

十一月是冬季的前奏曲，白色的冰雪世界已然来临。但雪地并不冷清，聪明的兔子在雪地里与猎人斗智；猎人忠实的朋友莱卡狗用它那灵敏的嗅觉和听觉，帮助猎人捕获松鼠。于是，寂静的十一月也动了起来。

分十二个月谱写的快乐篇章——十一月

十一月到了，冬天已经不远了。

十一月是九月的孙子，十月的儿子，十二月的兄弟。十一月里，树木都变得光秃秃的，昂首站立在天空下，好像一颗颗巨大的钉子。十二月里，河面将被完全冰封起来，看上去好像一座座宽宽的桥梁。你在十一月里骑着花斑马出门，遇到的天气除了下雨，就是下雪；除了下雪，就是下雨。十一月的铁匠铺不大，但里面却在锻造着一个大物件——封闭全俄罗斯的枷

锁。水塘和湖泊的表面已经结冰。

秋季完成了它的前两件任务后，开始干第三件事：给大地罩上白雪织成的被子。森林里已经不舒适了。挺立的林木经历了秋雨的连番鞭打，变得浑身发黑。封住河面的冰层发出森森寒光，如果你踩上去试一试，你将会听到冰层碎裂的声音，随后便落入冰凉刺骨的河水里。大地上撒满了积雪，秋季播种的作物都停止了生长。

然而，这些都只是冬季来临的前兆而已，真正的冬季还没有到来。天上偶尔会出现明艳的阳光，每到这样的日子，万物便都高兴起来。蚊子和苍蝇从树根下爬了出来，飞到空中。有时你甚至能看到金色的蒲公英花和款冬花开放——那可是春天的花朵啊！积雪也融化了……只有树林依旧一动不动地沉睡着，直到春天来临。

现在正是采伐的时节。

不会让森林变得死气沉沉

凛冽的寒风在森林里咆哮着，将树枝上已经光秃秃的白桦、山杨和赤杨吹得摇摆身子，咯吱作响。留在我们这里的最后一批候鸟正匆匆地向温暖的南方赶去。

夏季来到这里繁衍生息的鸟儿还没有全部离开，我们冬季的新朋友却已经飞来。

鸟类的习惯不尽相同：有的鸟儿要飞往高加索、外高加索、意大利、埃及、印度等温暖的地域过冬；有的则宁愿飞来我们列宁格勒州过冬。它们认为我们这边的冬天已经足够暖和，并且能够在这里寻找到充足的食物。

北方来客

这是我们这片土地上的冬季来客——来自更远的北方的小型鸣禽。它们有的是胸前和头顶上都长着红羽毛的白腰朱顶雀；有的是翅膀上长着五根手指状红色羽毛，其余地方呈蓝灰色的凤头太平鸟；有的是深红色的蜂虎鸟；有的是雌鸟为绿色，雄鸟为红色的交嘴鸟；有的是金绿色的黄雀；有的是黄色的红额金雀；还有的是身体灰色但胸脯鲜红的红腹灰雀。至于这片土地上出生的黄雀、红额金雀和红腹灰雀都已经飞往更温暖的南方。这些冬季来客的家乡在更遥远的北方，现在那里已经是一片白茫茫的冰雪世界了，以至于它们认为我们这里已经足够暖和。

> 这段文字，用了排比的修辞手法，层次相当清晰。须特别关注作者用颜色对来列宁格勒过冬的诸多鸟儿的描写。

黄雀和白腰朱顶雀啄食赤杨和白桦的种子，凤头太平鸟和红腹灰雀爱吃其他树的浆果，红喙的交嘴雀则以松树和云杉的球果为食。大家都不必担心挨饿的问题。

最后一次飞行

十一月的最后几天，雪花织成的厚厚的雪毯子已经将整个

大地围了起来。这时，突然刮起了一阵暖风，但外面的积雪并没有消融的迹象。

早上出去散步的时候，我一路上看见灌木丛里、树木间、雪地上到处都有黑色的小蚊子在飞舞着。它们看上去非常疲惫，无力地扇动着双翅，也不知道是从哪里来的。它们结成一个圆弧队形，仿佛是被风吹着跑似的，最后歪歪斜斜地降落到雪地上。

下午，积雪开始融化，树上不时会落下一团来。如果你抬起头，想看看是哪里的雪化了，那些冰水和细碎的冰碴就会落在你的脸上、眼睛里。这时，不知从哪里冒出了许多黑色的小苍蝇——是我夏季没有见过的品种——在快乐地飞舞，只是飞得很低。

傍晚时分，温度又降低了，我之前看到的那些苍蝇、蚊子也都不见了。

兔子的花招

一只灰兔半夜闯进了果园，到第二天黎明时，它已经啃坏了两棵年轻的苹果树。年轻的苹果树的树皮是很甜的，刚好可以当它的一顿美餐。大片大片的雪花落到灰兔的头上，然而它忙着啃食苹果树，对此一点也不在乎。

村里的公鸡叫了第三遍，狗也醒了，发出一声响亮的狗吠。

这动静惊动了灰兔，它想：得趁着人们还没起床离开这儿，回到森林里去。大雪将四周的痕迹全都覆盖了，天地间一片白茫茫，灰兔的棕红色皮毛在白雪的映衬下格外显眼。它或许有些羡慕雪兔了，那家伙现在浑身都是白色的。

夜间新降的雪还很温暖松软，很容易留下脚印。灰兔奔跑的途中留下了一长串脚印。两条后腿踩出的脚印是拉长的，一头大一头小；两只短短的前腿脚趾踏在雪地上，只留下两个圆点。在松软的积雪上，它的每一个脚印都十分显眼。

灰兔跑过田野，跑过森林，身后留下一连串的脚印。它现在很想回到自己的兔子窝里，在饱餐之后舒服地睡上一会儿。可是它必须得处理掉这些足迹，否则人们会根据足迹找到它的窝。

灰兔耍起了花招，开始搅乱自己的足迹。

这时，村里人都起来了。主人走进果园里一看，天哪！两棵最好的苹果树被啃坏了。他看见雪地上留着的兔子的脚印，立刻什么都明白了。他伸出拳头，气愤地说："你等着，我一定要你好看！"

主人给猎枪装好子弹，就出发了。

主人循着兔子留下的脚印一路找去，兔子从这里跳过篱笆，从这条路跑过田野。到了森林，兔子的脚印开始沿着一丛丛灌木绕圈儿。不过这也救不了你，我一定会解开圈套。

这是兔子的第一个圈套：兔子绕着灌木丛绕圈儿，切断了自己的足迹。

接着又是第二个圈套。

主人解开了两个圈套，顺着兔子后脚的脚印继续追逐，可追着追着，足迹忽然中断了。主人俯身观察脚印后，知道兔子又耍了个新花招：它转过身，踩着自己的脚印往回走了，两道

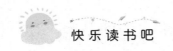

脚印重合在一起，使人无法立刻分辨出来。

主人也寻迹往回走，结果走到了田野里。主人意识到不对，又折返回去，顺着双重脚印走。双重脚印很快到了头，前方又是单程的脚印。这意味着它从这里跳到旁边去了。

现在要仔细搜寻，兔子一定就躲在附近的某一处灌木丛下。

兔子确实躲在附近，但不在灌木丛下，而是在一堆枯树枝下。它在睡梦中听到有脚步声靠近，便醒来了。兔子看到有人在枯树枝上行走，黑洞洞的枪口对着下方。它猛地蹿出洞穴，白色的短尾巴在主人面前一闪而过，就不见了。

> 灰兔耍了什么花招？读完这个故事，你对兔子是否有了新的认识？

隐身的不速之客

森林里又来了一个夜间盗贼。想要见它一面是一件很困难的事，因为夜晚太黑，根本什么也看不见，而白天又无法将它和雪区分开来。它的家乡在极地，它全身都是雪白的，酷似北极常年不化的冰雪。它就是北极的一种白色猫头鹰。

> 这个隐身的不速之客是谁？它有哪些特点？

它的个头和雕鸮差不多，但力量不如雕鸮强大。它以鸟类、老鼠、松鼠和兔子为食。

它的故乡在冻土带，过于寒冷，以至于几乎所有的兽类都躲进了洞穴，鸟类则迁徙到更温暖的地方去了。

白色猫头鹰因为饥饿被迫离开了家乡，来到我们这里。春季到来之前，它都不准备返回家乡。

侦察员

城市花园和公墓的灌木和乔木，都是需要人保护的。但它们遇到的一些敌害，人类很难发现。这些敌害过于狡猾，身形又微小，即便专门照顾树木的园林工人也不一定能够发现。这时，就需要出动专门的侦察员了。

这些侦察员并不神秘，我们可以在附近的公墓和花园里看到正在工作的它们。

它们的首领是身披花衣，戴着有红帽圈的帽子的啄木鸟。它的长嘴就像长矛一样，能够啄穿树皮。它一边工作，一边发出"基克！基克"的叫声，这是在向它的下属发号施令呢。

各种山雀闻令飞来，它们有的是戴着尖顶帽子的凤头山雀；有的是外形像一根帽头很粗的钉子的褐头山雀；有的是黑不溜秋的煤山雀；还有的是穿着棕色外套，嘴像一把小锥子的旋木雀；以及白胸脯，匕首嘴，穿着蓝色制服的鸭。

啄木鸟率先发出命令，接着鸭重复这条命令，随后山雀们叫着作出回应。于是，这个队伍开始工作了。

侦察员的分工如人类一样，非常明确，可见它们也是很智慧的一个群体。

侦察员们迅速飞到自己的工作岗位——各棵大树上。啄木鸟用长矛般的喙啄穿树皮，用舌头挑出小蠹虫。鸭则用头向下的姿势绕着树干飞舞，细心负责地把它那匕首般的尖嘴伸进树皮上的各个小孔里探寻，它常常能在那里发现一些昆虫或它们的幼虫。旋木雀从树干底部跑到树顶，用自己的歪锥子嘴挑出发现的虫子。一大群山雀干得热火朝天。它们察看大树身上的每一个小孔和缝隙，没有一条害虫能够从它们敏锐的眼睛和尖锐的嘴下逃脱。

捕猎松鼠

松鼠不过是一种平常的小野兽，有什么了不起？

对于苏联的狩猎业来说，它比其他任何野兽都更为重要。蓬松的松鼠尾巴可以用来制作帽子、衣领、护耳和其他保暖用品。而松鼠的皮毛则可以用于制作毛皮大衣和短披肩等华丽且保暖的衣物，既轻便又暖和。

第一场雪刚刚撒落大地，猎人们已经迫不及待地收拾好行装，要出发去捕猎松鼠了。他们有的几人组成捕猎合作队，也有的单独出行，在森林往往一住就是几个星期。他们整天整天地乘着短而宽的滑雪板在雪地里溜来溜去，寻找猎物的踪迹；有时候则会放置捕兽器，等着猎物自己送上门来。

他们晚上睡在土窑或者很低的小窝棚里，做饭的工具就像壁炉的直烟道炉灶。

莱卡狗是猎人忠实的朋友，它属于北地犬。猎人在冬季或者某些原始森林里捕猎时带上它，比带上任何其他品种的狗都更实用。

　　莱卡狗可以帮猎人找到白鼬、黄鼬、水獭、水貂的洞穴并咬死它们。到了夏天，莱卡狗则可以帮猎人从芦苇荡里赶出野鸭，或从密林里赶出公黑琴鸡。它是不怕水的，即便是最冰冷的水。在秋季和冬季，猎人可以带上莱卡狗去森林里打松鸡和黑琴鸡，让莱卡狗坐在树下，不停地叫喊，吸引它们的注意。

　　如果猎人在打猎时遇到了可怕的野兽袭击，莱卡狗绝对不会出卖主人，它会死死咬住对方的尾巴，拖延时间，让主人重新装上子弹，打死野兽。最让人惊讶的是，莱卡狗可以找到松鼠、貂、黑貂等生活在树上的野兽。尤其是松鼠，除了莱卡狗，任何其他的狗都无法找到它们。

　　在冬天和晚秋时候，猎人走在森林里，发觉四周静悄悄的。任何动物都没有一丝一毫的动静，仿佛这里一只小兽也没有。但只要猎人带着莱卡狗进入这片森林，就一点也不无聊了。莱卡狗会在树根下找到白鼬，惊醒睡梦中的野兔，顺便逮住一只老鼠饱餐一顿。聪明谨慎的松鼠冬天藏身在稠密的针叶林中，依旧会被莱卡狗发现。

　　但是莱卡狗是怎么发现松鼠的呢？要知道，松鼠待在树上，而莱卡狗既不会飞，也不会上树呀！

　　猎人用来寻找猎物踪迹的猎犬，需要非常灵敏的嗅觉，而这种类型的狗通常在视觉和听觉上有些问题。莱卡狗却同时具备灵敏的嗅觉、敏锐的视力和过人的听力，并能一下子把这三种感官调动起来。树上的松鼠刚用爪子碰了下树枝，莱卡狗那双竖起的耳朵动了动，似乎是在向主人示意："猎物在这里。"

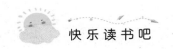

松鼠的爪子在针叶林中稍稍一晃，莱卡狗的眼睛就看见了："在这儿，是一只松鼠。"风儿把松鼠身上的味道送到莱卡狗的鼻子前，它嗅一嗅就明白了："松鼠在那边。"

嗅觉、听觉、视觉是莱卡狗的三个仆从，而嗓子则是它的第四个仆从。莱卡狗的前三个仆从发现树上的小兽后，第四个仆从就要上场了。

莱卡狗发现了小兽藏身的树之后，既不会马上扑过去，也不会用爪子去抓树干，以免惊动住在树上的小兽。一条优秀的莱卡狗会坐在地上，目不转睛地盯着小兽藏身的地方，不时发出低低的犬吠，保持警惕，等待主人的到来。

这时，捕猎松鼠就变得很容易了：躲在树上的松鼠已经被莱卡狗发现，它的注意力也全被莱卡狗吸引。这时候，猎人只需要悄无声息地走到松鼠身后，瞄准，开枪。用霰弹枪对付松鼠已经足够了。但是职业猎人更喜欢用单颗枪弹射击松鼠的头部，这是为了保护它的皮毛完整。

除了用枪射击，还可以用捕兽器捕捉松鼠。

捕兽器需要这样放置：将两块短而厚的木板固定在树干之间，用一根细木棍支撑在两块木板之间，防止上面的木板落到下面的木板上。将闻起来很香的菌菇或晒干的鱼当作诱饵系在细木棍上。这样，松鼠闻到香味就会出来找吃的，只要它稍稍拖动诱饵，上面的木板就会猛地落下，压住松鼠。

猎人怎样用捕兽器捕松鼠？

冬季，只要地上的雪不是太深，猎人

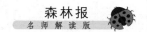

们就会出来捕猎松鼠。而春季的松鼠正在换毛，在它重新换上漂亮的冬装之前，猎人们不会去动它。

冬一月

　　冬天来了，大地用雪将自己紧紧地"包裹"起来，只剩一片白色。动物们觅食变得十分艰难，它们要与寒冷、饥饿，还有猎人作斗争。冬天对一切动植物来说，都是严酷的考验，但是它们会努力熬过去，因为冬天之后便是春天。

分十二个月谱写的快乐篇章——十二月

　　十二月正是天寒地冻的时节。十二月为河流铺上冰砖，十二月在屋脊下钉上银钉，十二月使大地沉睡。十二月是一年的终结，寒冬的开始。

诗一般的语言，我想背下来。

　　河水已经冰封，不再流淌。大地和森林全都裹上一层银装。太阳也不再露面。白昼变得越来越短，黑夜持续的时间越来越长。

　　厚厚的白雪下掩埋着多少逝去的生灵。这一年里生长出来的植物经历完开花、结果的生命路程，最终化为粉末，复归大地，沉寂于雪衣之下。这一年里出生的大大小小的不同种类的动物，也有许多已经不再欢蹦乱跳，永远地沉寂下去了。

然而，植物留下了种子，动物产下了卵。到了合适的时间，太阳将会像童话里的王子一样，吻醒这些新生的生命。而生长了许多年的植物则要费心在寒冷而漫长的冬季维持自己的生命，直至春天来临。

> 这句话将太阳比作王子，会将沉睡的动植物种子吻醒。这想象真是太有意思了。

严冬还未完全降临，但太阳的生日——十二月二十三日已为期不远。到那时，生命将随着太阳重返人间而重新焕发生机。

然而，目前最重要的事情，还是得熬过这漫长的冬天。

冬季是一本书

厚实而平坦的白雪覆盖了整个大地。田野和森林间的空地看起来空空荡荡，宛如被翻开的巨大的洁净的书页。每一个从上面经过的人，都会写下"某人到此一游"的语句。

> 为什么将冬季比作一本书？都有谁在这本书上写了字？写的又是哪些内容？认真读下去，会有意外发现哦！

白天，雪花都毫不倦怠地飘飘洒洒，落在大地的各个角落。雪停下后，留下这样洁白的书页。

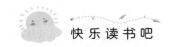

第二天清晨，你起来一看，书页上留下了不少神秘的符号。这表明夜间有林中的居民从这里走过，或者跑过、跳过。

是谁经过这里？

它做了什么？

只有弄懂书页上留下的符号，解读出其中的特殊文字，才能明白这一切。

简单的书写和书写时耍的花招

我们的记者知道该如何阅读冬季这本书了，但他可不是轻轻松松学会的：原来并不是每一位林中居民留下的都是简单的文字，有的动物书写时是耍了花招的。他将教我们读这本书，并告诉我们林中发生的故事。

要辨认松鼠的笔迹是一件非常简单的事情。松鼠在雪地上跳跃时，动作就像我们做跳背游戏一样：用短小的前脚趾作支撑，两条长长的后腿分开，远远地向前跨越。前趾留下的脚印是两个并排的小圆点，而后趾留下的脚印却是长长的，被拉直了的，就像手指细长的人在雪地里按出来的掌印似的。

老鼠留下的笔迹很小，但很好辨认。老鼠从自己洞里跑出来时，为了安全起见，总是会先耍个花招，然后才直奔自己的目的地。它们在雪地里留下的是长长的两行冒号，两行冒号之间的距离总是相等。

至于鸟类的笔迹，我们不妨说说喜鹊吧。喜鹊的笔迹也很容易辨认：前三个脚趾张得很开，踩在雪地里形成个小小的十字形，后面的第四个脚趾印下的则是一个笔直的破折号。此外，十字形印记的两侧通常还有翅膀上的羽毛擦过的痕迹，像人的手指印一样。这些痕迹上方一定还有它的阶梯形尾巴扫过的痕迹。

以上所说的痕迹，都是简单直白的，没有耍过花招的。你可以很清楚地从上面看出：松鼠从这个地方爬下树，在雪地里跳了一段路后又回去了。老鼠从雪地里跑出来，绕了几圈，兜了个风，依旧回到自己的洞穴里了。喜鹊站在雪地里，啄食着雪面的一层硬硬的冰壳，向前走了几步，然后张开翅膀飞走了。

若要辨认狐狸和狼的笔迹，可就没有这么容易了。

冬季的森林

冬天树木会冻死吗？当然会。

如果整棵树——包括树的中心位置都结冰了，那么这棵树就必死无疑了。在我们这里，每到冬季特别寒冷的时候，总有不少树会冻死，其中大部分是树龄较小的树。如果所有的树都不留一手，提前为自己保存一些热量，那么当寒冬袭来时，所有的树就都完了。

树木吸收养料、向上生长、结种子都需要消耗大量的热量。所以，树木在夏季时就开始积蓄能量，用于这些活动的消耗，并储存下一部分。快到冬季时，树木就不再吸收营养，停止生长和结种子。它们停止一切需要消耗热量的生命活动，陷入深深的沉睡中。

叶子会呼出许多热量，所以在冬季到来前，树木必须脱掉自己身上所有的叶子，以便身体内维持冬天生存的热量不被消

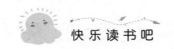

耗掉。而叶子从树枝上落到树木的根上方，腐烂后释放出热量，保护了柔弱的树根不被冻坏。

> 我们只知道有些树会落叶，现在终于知道树为什么落叶了。

不仅仅是这样。每一棵树的树皮下，都穿着抵御严寒的铠甲。每一年夏季，树木们都在树干和树枝的皮下储备多孔的韧皮层。这种韧皮层既不透水，也不透气。空气滞留在韧皮层小孔内，阻止树木的躯体将自身保存的热量散发出去。树越老，树皮下的这层韧皮层就越厚。这就是树龄越大的树在冬天越耐寒的原因。

> 这句话承上启下，在文中起到了过渡作用。这样的过渡句，文中还有吗？

树皮下的防护层，是树木阻挡严寒的第一道关卡。如果严寒侵入了韧皮层，树木就得利用第二道关卡——自己体内的化学物质来防护。在冬季到来前，树的汁液里积蓄了许多盐分和转化为糖的淀粉。而盐和糖的溶液具有很强的抗寒能力。

要说最好的御寒物，还得数温暖松软的白雪罩子。有经验的老园丁会在寒冷的冬天特意将年轻的小树压向地面，再在上面撒上雪，这样会使小树暖和一些。倘若遇到频繁飘雪的冬季，厚厚的白雪仿佛给森林罩上了暖和的雪被，那么即便有可怕的严寒到来，树木们也不怕了。

无论严寒如何肆虐，都冻不死我们北方的森林！

缺少经验的小狐狸

小狐狸在林间的空地上看到了老鼠留下的小脚印。它想：这下我有吃的了！

它用鼻子四处嗅了嗅，想看看有谁到过这里。它循着足迹向前找去，缓缓逼近一丛灌木边。

很近了。

这时，它看见雪里有什么东西在动。它定睛一看，是一个披着灰色皮毛，拖着一条细长尾巴的小家伙。小狐狸迅速冲出去，嚓的一口，咬住那只小家伙。

呸！——真难闻！它一口吐出小兽，跑到一边咬了两口雪，希望雪能够冲淡嘴里那股难闻的气味。

就这样，小狐狸浪费了一早上的时间，不仅没有吃到早餐，还白白糟蹋了一只小兽。

至于那只小兽，既不是老鼠，也不是田鼠，而是鼩鼱。

鼩鼱只有远看时才像老鼠，

好有趣的描写，在作者笔下，这哪是小狐狸，分明是一个充满灵气的小孩！书中有好多类似的描写，请你多多关注。

当你凑近看时，立马就能将它和老鼠区分开。鼩鼱的鼻子向前伸，还是个驼背。它以昆虫为食，和鼹鼠、刺猬有些类似。但凡是有点经验的野兽，都不愿意碰鼩鼱，因为它身上会发出一种可怕的难闻气味。

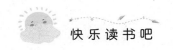

雪地里的爆炸和获救的狍子

雪地足迹书写了一件事，让我们的记者思索了许久也没能猜透。

这件事的开端是一行小小窄窄，安安稳稳地向前延伸着的脚印。这并不难猜：一只狍子在森林里走动，并没有预料到危险的到来。

> 根据雪地足迹，合理推测故事，这是一种很好的探究方法，是不是有点像福尔摩斯探案？

突然间，脚印旁边出现了一些硕大的爪印，而狍子的小脚印则变成了跳跃式的。这也很明显：狍子走到半路，看见一匹狼从森林里出来，正挡在它的前路，向它冲了过来。

狼的脚印越来越近，看来它开始追赶狍子了。

它们的角逐没有持续太久，两种脚印在一棵倒下的大树旁重合、交叉了。狍子应该越过了那棵粗大的树干，接着狼也跨越过去。

树干的另一边有一个很大的深坑，深坑里所有的雪都被翻乱，抛撒在四周，仿佛有一个炸弹在这里爆炸过似的。

再之后，狍子和狼的脚印显示它们向着两条背离的路走去。而在这两种脚印中间，凭空冒出一种巨大的脚印，有点像是人赤脚走路时留下的脚印，但是带有歪斜的可怕爪痕。

雪里埋的究竟是什么？

这个新出现的脚印是什么动物的？

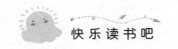

为什么狼和狍子分别蹿到了不同的方向？

这些都让我们感到好奇。

我们的记者想了很久，才弄明白这些巨大的脚印是什么动物的。而弄清楚这个问题之后，其他的问题也就迎刃而解了。

想象一下这个场景：

狍子凭借自己轻盈灵活的身体轻松地越过了倒地的树干，继续向前奔逃。狼为了追逐狍子，也从树干的这一边跳跃而起，但因为身体太重没有跳过去，一头栽倒在雪地里，跌进了树干下方的熊洞。

熊从睡梦中惊醒，跳出了熊洞。所以深坑周围的雪才会像被炸飞的一样。熊从洞里出来之后逃进了森林。至于那匹狼，它一看熊那庞大的身躯，早已心惊胆战，将狍子扔到脑后，拔腿就跑。

而狍子早就跑得无影无踪了。

冬季的中午

一天中午，和煦的阳光照耀着被白雪覆盖的寂静的森林。一个隐蔽的洞穴中，洞穴的主人——熊正在沉睡。在洞穴上方，灌木丛已经被雪包裹，乔木的枝丫上也挂着沉甸甸的积雪，整座森林仿佛童话故事里的辉煌宫殿。有拱顶，有空中走廊，有台阶，有窗户，还有顶端耸起尖尖屋顶的奇异楼阁。而这一切，都是由无数雪花在很短时间内堆积、变化出来的。

一只小鸟犹如从地底下钻出来一般突然出现，它的小嘴巴很尖，像把小锥子，翘着小尾巴在空中飞舞。它在空中飞了两圈，落在一棵云杉树的顶端，张开嘴，发出一声清脆嘹亮的啼鸣，响彻整个森林。

这时，在白雪构成的宫殿下方，也许是宫殿的地下室的窗口的位置，露出一只绿眼睛。这正是熊洞主人的眼睛，它因为睡得太久，导致目光有些呆滞。它在思考：难道春天已经降临了？

这段文字，静中有动，动中有静，如童话一般美妙！可以多读几遍。

熊总会在自己冬眠的窝的一侧开一个小窗口，通过那里观察外界。

最近森林里发生的事情可不少，但没有什么大新闻，它的住宅里依然安安静静……于是那只眼睛又从窗口移开了。

小鸟在结冰的云杉树上乱啄了一会儿，便又飞回地面的树墩上去了。在那里，有它用软和的苔藓和绒毛为自己准备的温暖的冬窝。

围猎

每一组猎人的猎袋里都放着一个线轴。他们并不声张，只是悄悄地前进，拉动线轴，将绳子一点点扯出来。身后的小旗子被挂在灌木丛上、树上和树墩上，离地约有半俄尺高，在空中随风飘扬。

两组猎人用线轴将林子从四面包围后，在村边会合了。他们回到村庄里，嘱咐农夫们天一亮就起床，自己则回去睡觉了。

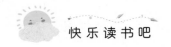

在黑夜里

夜幕降临了，冬天的晚上比白天更加寒冷。

母狼、公狼和几只今年出生的小狼都起身了。放眼望去，四周全是密密麻麻的丛林。黑黑的天空中，一轮明亮的圆月挂在那里，就像一个死亡的太阳。

> 月亮是美好团圆的象征，这里作者却将它比作一个死亡的太阳，为什么呢？

狼的肚子饿得咕咕叫，心里也闷得慌。

母狼抬起头，望着月亮，发出一声嚎叫。

公狼用它那低低的嗓音附和。一岁的小狼见它们叫，也跟着细声叫了起来。

狼的叫声传到村子里，于是奶牛和山羊也都叫了起来。

狼出发了。母狼走在最前面，公狼随后，小狼跟在最后面。它们小心翼翼地踩着脚印走，目标是人类村庄。

突然，母狼停住了。公狼和小狼也停住了。

母狼的眸子里闪过一丝惶惑不安。一股刺鼻的气味被风带到它的鼻子前，它发现前方的林间空地的灌木丛上挂着深色的布片，刺鼻的气味就是从那里散发出来的。

母狼已经活了不少年了，见过许多世面，却从没有遇到过这种情况。不过有一点它是知道的：哪里有布片，哪里就有人。或许这些人正埋伏在田野里呢。

母狼后退几步，调换了方向，开始往回走。公狼和小狼紧紧跟随着它的步伐。它们跳跃着跑过整座森林，到了另一边的林间空地。

母狼又看见了布片，像一条条长长的舌头般挂在那里。

这几只狼有些不知所措，它们发现林子外围一圈全都是布片，没有一个缺口可以让它们通过。

母狼毫无办法，只好蹿回密林，卧了下来。公狼和小狼也在它身边卧了下来。

它们无法走出包围圈，只好继续忍饥挨饿。

连狼也失去了往日的威风，像无头苍蝇般在林中乱窜，可最终还是一无所获，足见冬天食物之匮乏。

导读

　　一月是新春的伊始，是冬季的中心，它在沉睡中酝酿新生，在寂静中隐藏着巨大的能量，只等着苏醒和爆发。森林有规律地不断变化着，生长着。读完冬二月，请同学们也动手写一下自己印象里的冬天吧。

分十二个月谱写的快乐篇章——一月

　　民间说："一月，是向新春的转折，是一年的开端。一月是整个冬季的中心。"

　　田野、河流和森林都蒙上了一层皑皑雪被，周围的万物似乎都陷入了永远的沉睡中。

　　生灵们有自己的一套生存方式，在艰难的时日里，它们通常伪装死亡。如野草、灌木和乔木都沉寂下来，一动不动，但它们并没有死去。

在厚厚的白雪的遮掩下,它们蕴藏着强大的生机——开花、结果的巨大能量。松树和云杉将种子紧紧包裹在自己拳头状的球果里,以防它们被冻坏。

还有一些冷血动物,它们躲藏起来之后就僵着不动了,但并没有死。就连螟蛾这类柔弱的小生命也能找到地方躲藏起来,度过冬天。

至于鸟类,它们从不冬眠。除了鸟类之外,还有许多动物,比如小小的老鼠,整个冬季都忙着东奔西跑。还有一件事令人震惊:在深厚积雪掩埋的熊洞中冬眠的母熊,竟然在一月份的严寒天气里生下了小熊崽,并且用自己的乳汁喂养它们到春季。但母熊自己在整个冬季却是什么都不吃的。

跟在后面吃剩下的

森林里出现了一具动物尸体,最先发现这份美餐的是一群渡鸦。渡鸦们"呱!呱"叫着,都落在那具尸体上,准备开始它们的晚餐。

白昼已经退去,天色渐渐变暗。金黄色的月亮升上了天空。

林中忽然传出"呜呜"的叫声,渡鸦们听到声音,拍拍翅膀飞走了。雕鸮从树林里飞出来,落在尸体上。

它刚开始用餐,一边用自己的尖钩嘴撕下一块肉,一边用耳朵和眼睛注意着周围的动静,突然,它听到雪地里传来的脚步声。

雕鸮迅速飞到树上。狐狸接管了这顿晚餐的食用权。

咔嚓,咔嚓,狐狸用自己坚硬的牙齿撕咬着肉,还没来得

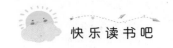

及吃饱，狼就来了。

狐狸立刻钻进了一旁的草丛，狼开始大快朵颐。它浑身的毛都竖了起来，用像刀一样锋利的牙齿撕咬着肉。它一边吃，一边从嘴里发出呜呜的得意叫声，它太得意了，以至于连周围的声音都没听见。它不时抬起头，把牙齿咬得咯咯响，以此威胁那些躲在暗处的小动物——谁都不许过来。

突然，它的头顶响起了一声浑厚的咆哮声。狼吓得立刻夹起尾巴溜了。

来的原来是森林之主——熊。

熊美美地吃了一顿，到黑夜将近时，才满意地离开这里，回窝睡觉去了。

这顿晚餐吃得太有戏剧性了！真可谓"一物降一物"啊！

熊一走，狼就来了。

狼吃饱了，狐狸接着吃。

狐狸吃饱了，雕鸮飞来了。

雕鸮吃饱了，那群渡鸦才再次降落，享用它们的晚餐。

等到第二天黎明时分，渡鸦也吃饱了，拍拍翅膀飞走了。这间免费的餐厅里如今只剩下一堆残渣。

冬芽在哪儿过冬

一月正是寒冷的时候，所有的植物都处在休眠的状态。但是它们已经在为春天的到来做准备——长出冬芽。

那么这些冬芽在哪里过冬呢?

树木的冬芽在离地面很高的地方,而草的冬芽则不同。比如说繁缕,它的冬芽是碧绿的,鲜活的,然而被它枯黄的茎上的叶子包裹着,整株植物看起来仿佛已经死亡。

触须菊、卷耳、阔叶林中的草以及其他许多同样低矮的小草不仅在寒冬中保护了自己,还护住了自己的冬芽,所以第二年仍旧可以焕发新生。

这些小草的冬芽都在挨着地面的地方过冬,但决不贴在地面上。否则,它们就会像去年的艾蒿、旋花、草藤、金莲花和驴蹄草一般,到第二年除了半腐烂的茎和叶,什么都没有留下。

也有些植物的冬芽是贴着地面的,比如草莓、蒲公英、三叶草、酸模和千叶蓍。但它们的冬芽由大片绿色叶子包裹着,所以不会冻死和腐烂。

还有许多植物,如银莲花、铃兰、舞鹤草、柳穿鱼、柳兰和款冬的冬芽长在根茎上,野蒜和顶冰花的冬芽长在鳞茎上,紫堇的冬芽长在块茎上。这几种植物的冬芽都是在地下过冬的。

以上所说的植物都是陆地植物,至于水生植物,则在池塘或湖泊底部的淤泥中过冬。

先用一个设问句,引起读者的注意。接着一类一类地介绍不同植物的冬芽怎样过冬。这种谋篇布局的方法是不是似曾相识?

小屋里的山雀

在一月这个饥寒交迫的时节里，所有的野兽和鸟儿都向人的住处靠近。从人们扔掉的废弃物中，它们能较为轻松地找到食物。

饥饿战胜了这些林中居民对人类的恐惧。

黑琴鸡和山鹑钻进了打谷场和谷仓；兔子跑到了菜园；白鼬和伶鼬溜到地窖里，捕捉老鼠；雪兔经常跑到村边的草垛旁去啃食干草。我们在森林里建造了一间小屋，一只勇敢的山雀从敞开的门飞了进来。这是只两颊白色，胸前带着黑色条纹的小家伙。它并不理会和害怕屋子里的人，停在我们的餐桌上，开始啄食面包屑。

这时，屋主人轻轻地关上了门，于是这只小山雀被困在了这里。

它被关在这里有大约一星期的时间，我们不碰它，也没怎么喂它，它却明显一天一天地胖了起来。我们的小屋成了它的狩猎场，它整天在屋子里飞来飞去，搜寻蛐蛐、沉睡的苍蝇、食物碎屑等吃的。到了晚上，它就钻进俄式炉子后面的缝隙里睡觉。

> 饥饿战胜了恐惧，为了觅食，动物向人类靠近。山雀进了屋，俨然成了家的一分子。

短短几天的时间，它就把我们屋子里的苍蝇和蟑螂除得干干净净。之后它无事可做，就开始啄我们的面包、书本、纸盒……啄它能看到的一切东西。

这时，主人打开门，赶走了这个不速之客。

法则对谁不起作用

林中的居民都在严寒的冬季里忍受着饥寒交迫的日子。森林法则道：在冬季要尽己所能保全自己，但是别想养小鸟。只有在气候温暖、食物充足的夏季才适合孵蛋养小鸟。

这条规则适用于绝大部分鸟类，因为小鸟容易因为没有食物饿死。但若有谁觉得冬季的食物非常充足，那么这条法则也就束缚不了它了。

我们的记者在一棵高高的云杉上发现了一个鸟窝，窝里竟然躺着几枚鸟蛋。第二天天气异常寒冷，我们的记者再次来到这里，发现窝里的鸟蛋已经变成了还没有睁眼的小鸟。

这可真是件奇事！

这是一对交嘴雀的巢，它们大冬天在巢里孵出了小鸟。而交嘴雀确实和其他的鸟类不同，它们既不怕冷，又不怕饿。你可以在森林里常年看见这种鸟，它们快乐地从这一片林子飞到那一片林子，过着居无定所的生活。

春季里，所有的鸟类都在寻找合适的地方建筑巢穴、生蛋、哺育小鸟。而交嘴雀却在四处飞来飞去，不在任何一个地方久留。

在交嘴雀的飞行队伍中，常常既有老雀，又有新生的雀，仿佛它们的后代就是在飞行中生出来的。

在列宁格勒，人们还把交嘴雀叫作"鹦鹉"，并不是因为它

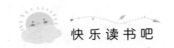

们真的是鹦鹉的一种，而是因为它们色彩艳丽的羽毛很像鹦鹉，并且也像鹦鹉一样在小横杆上跳来跳去。

长着不同深浅的橙黄色羽毛的是雄交嘴雀，而雌交嘴雀的羽毛是橙色的，绿色羽毛的则是新生的小交嘴雀。

交嘴雀的爪子很有力，喙很灵巧。它们喜欢用爪子抓住树干，头向下倒挂着，用嘴咬住下面的树枝。

有一件关于交嘴雀的事，一直让我觉得很神奇。那就是老交嘴雀死后尸体一直不腐烂，即便放一二十年，也不会脱落一根羽毛，就像木乃伊一样。

但交嘴雀最有趣的地方还是它们的喙。它们的喙呈十字交叉形：上半片向下弯，下半片向上弯。这样的喙其他鸟儿是没有的。

交嘴雀的喙并非生来就是这种形状，而是后天逐渐长成的。交嘴雀出生时，喙和其他鸟儿一样是直的，但等它们长大后，用喙去啄取云杉和松球果中的种子吃时，那还不够坚硬的喙就慢慢变成十字交叉形了。不过这对它们来说是有好处的，因为用十字交叉形的喙从球果里啄取种子要更加容易。

而交嘴雀之所以一直在森林里游荡，也是因为它们一直在寻找球果收成更好的地方。

但还有一个谜题没有解开：为什么交嘴雀非要在冬天唱歌和孵小鸟呢？反正一年四季都有食物，它们为什么不在其他时候孵小鸟？

事实上，交嘴雀不仅仅是在冬天孵小鸟。它们只要筑好了巢，在里面铺上既暖和又柔软的绒毛和羽毛，任何季节都有可能孵小鸟。雌鸟趴在窝里孵卵，雄鸟会给它找吃的。等到小鸟出壳，雌鸟就喂它们吃自己嗉囊里已经软化了的种子。

有一对交嘴雀想要孵小鸟了，就会飞离鸟群，筑巢，孵卵。等小鸟长大后，它们又一起飞回鸟群中间。

为什么交嘴雀死后尸体不腐？

那是因为它们吃的食物——云杉和松树的种子里有许多松脂。一只交嘴雀一生中吸收的松脂很多，就像在鞋子上涂了一层松焦油一样。松脂使它们死后尸体不腐。

其实交嘴雀的尸体不腐与古埃及木乃伊确有相似之处，古埃及人也是在死去的亲人身上涂松脂，这样就做成了木乃伊。

应变有术

深秋时节，一头熊在一个满山都是年轻云杉树的小山坡上选中了一块地，准备在这里给自己做个洞穴。

它用爪子扒下一条条长而窄的云杉树皮，把它们铺在山坡上的一个土坑里，再把柔软的苔藓铺在上面。接着，为了不被人发现，它将土坑周围的云杉从下部咬断，使它们倒在坑的上方。接着，它便爬到下面的洞里，安心地入睡了。

然而，美梦才持续了不到一个月，洞穴就被一条猎狗发现了。熊及时逃离了洞穴，没有被猎人杀死。没有了洞穴，它只好在雪地里——听得见外界动静的地方睡觉。但没多久，猎人又找到了它，它这次仍然幸运地逃脱了。

于是它再一次寻找冬眠地。这一次，它找了个谁都想不到的地方。

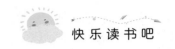

它睡在一棵高高的树上，直到春天醒来。那棵树被风暴折断之后，上方的枝杈就一直向天空生长，最终长成了一个坑的形状。夏天，老鹰将枯枝架在这儿，再铺上柔软的干草和羽毛，在这里哺育小鹰。到了冬天，在自己洞穴里受到惊吓的熊也爬进了这个"坑"里冬眠。

免费食堂

夏日里唱着美妙动听的歌儿的鸟儿，如今正在忍受着饥寒交迫的痛苦。

一些城市居民怜悯鸟儿的遭遇，特意在自己家的花园或窗台上为它们设置了小小的免费食堂。他们用线将面包片和油脂串起来，挂在窗外，或者在花园里放一篮子谷物和面包。

这些举动表现了城市居民对鸟儿的关爱，我们要向他们学习。

这些免费食堂每日顾客盈门。山雀、褐头山雀、蓝雀是最常见的食客，黄雀、朱顶雀和一些其他的冬季来客偶尔也会成群结队地前去光顾。

在熊洞上

守林人发现了一个熊洞。他从城里叫来一个猎人，带着两条莱卡狗，出发了。他们悄悄地靠近一个雪堆，熊洞就在雪堆下面。

熊洞的入口通常朝着太阳升起的方向，熊被人惊醒，从洞里跳出来后往往会朝南逃跑。猎人照规矩站在雪堆的侧面，当熊跑出来时，他站在这个位置刚好能从侧面打中熊的心脏。

守林人从雪堆后面缓缓逼近，同时放出了两条猎狗。两条猎狗闻到了野兽的味道，于是疯狂地向雪堆冲去。

它们闹出的动静太大，将熊从睡梦中惊醒，但是熊没有立刻行动。

突然，一只长着利爪的黑色脚掌从雪里面伸出，差点抓住了其中一条狗。那条狗尖叫一声闪到一旁。熊猛地从雪堆里钻了出来。让人意外的是，它并没有夺路而逃，反而向猎人冲了过去。

冲击的同时，熊低垂着脑袋，防备猎人向它的胸口开枪。

猎人开了一枪，子弹擦着熊的头顶飞过，并没有杀死熊。但熊显然被头上的疼痛惹恼了，发狂般将猎人扑倒在地。

两条猎狗咬住熊的臀部，想要将它拉回来，但它们的力量太弱小了，根本无济于事。

守林人这时候已经害怕得浑身发抖，疯狂地叫喊着。他挥舞着手中的猎枪，却不敢真的开枪，怕误伤了猎人。

这场搏斗太惊心动魄了！猎人杀死了熊，也付出了血的代价。人与动物应该和平相处！

熊一爪子把猎人的帽子连带头发和头皮都抓了下来，然而下一秒，熊忽然翻过身去，在满是鲜血的雪地上吼叫着打滚。原来猎人之前被熊扑倒，并没有惊慌失措，而是抓住时机，用力将自己的短刀捅进了熊的

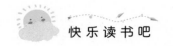

肚子。

　　猎人活下来了。直到现在，那块熊皮依然挂在猎人的床头，而猎人的头上依旧包着一块厚厚的头巾。

冬 三 月

　　冬天的最后一个月是最难熬的一个月，但它也意味着春天即将来临。动物们必须要熬过这个月，才能见到明媚的春天。海豹从冰窟窿里钻出了脑袋，驼鹿长出了新角，鱼儿也开始透气……美好的春天就要来了。

分十二个月谱写的快乐篇章——二月

　　二月是跨越冬天的一个月。临近二月时，天空时常刮起暴风雪。狂风暴雪号叫着从白茫茫的大地上刮过，不留下丝毫痕迹。

　　二月是冬天的最后一个月，也是最可怕的一个月。这是野兽们饥寒交迫的一个月。在这个月里，野狼由于饥饿袭击了附近的村庄和小城，叼走了狗和羊。因为秋季贮存的脂肪已经消耗太多，不足以保暖和供给能量，所有的兽类都比之前瘦了。

　　小兽们在洞穴中开辟的过冬粮仓的储备粮也正逐渐耗尽。

在许多生灵眼中，积雪已经不再是帮助它们保存热量的朋友，而成为了致命的仇敌。

树木枝丫上的积雪越来越厚，致使它们因为不堪重负而断裂。山鹑、花尾鸡和黑琴鸡却喜欢厚厚的积雪，因为它们可以躲在雪被下安安心心地睡觉。

但不幸也接踵而至。如果白天出太阳，厚厚的积雪就会融化，但等夜色降临，空气再次变得寒冷，消融的雪水就会在雪面上结冰。这样一来，睡在雪被下的野鸡们就出不来了，即使它们用脑袋去撞击坚硬的冰层，也毫无用处，只能等待太阳将这冰层融化。

> 任何事物都有两面性，我们应该辩证地看问题。

狂风不息，将雪花低低吹起，抹平了雪橇行驶的痕迹……

能熬过严寒吗

森林年中最后也是最艰难的一个月——熬待春归月来临了。

森林里所有居民在秋季储备的粮食，现在都所剩无几。所有的鸟类和兽类都瘦了许多，因为它们的皮下用来保温的脂肪，已经消耗殆尽。并且，由于长期处于饥饿状态，它们的力气都变小了不少。

天气仿佛是故意的，森林里刮起阵阵暴风雪，温度更低了。这是属于冬季的最后一个月，它仿佛要展示自己的威严一般，让最可怕的严寒天气降临大地。野兽们，鸟儿们，一定要鼓起勇气坚持住，熬到大地春回的那一天。

我们的驻林地记者看遍了整个森林。他们担心一个问题——动物们是否能熬到春天到来的那一天？

他们在森林里见到了许多悲惨的情景，许多林中居民因受不了严寒和饥饿而死去，其余的仍在勉强支撑。但它们能熬过这最后一个痛苦的月份吗？谁也不知道。但记者们也确实见到了一些不需要他们担心的动物，它们一定可以熬过去。

玻璃青蛙

我们的驻林地记者凿穿了一个池塘底部的冰块，挖取了一些淤泥。在淤泥中，他们发现了一些过冬的青蛙。

它们被冰封在淤泥中，看起来像是完全由玻璃做成的。它们的身体很脆，只要稍稍伸手碰一下，那细细的蛙腿就会断裂，并发出清脆的声响。

我们的记者带了几只青蛙回家，将它们放在温暖的房间里。青蛙感觉到温暖，苏醒了过来，开始在地上跳跃。

由此可以看出，我们不用为青蛙担心。等到春天来临，温暖的太阳晒化了池塘里厚厚的冰层，晒暖了池水，青蛙就会苏醒过来，并且健健康康的。

钻出冰窟窿的脑袋

一个渔夫行走在涅瓦河口芬兰湾的冰上。他经过一个冰窟窿时，发现冰下钻出了一个光滑的脑袋，脑袋上长着松散而硬朗的胡须。

一开始，渔夫猜测那可能是淹死的人的脑袋从冰窟窿里冒

快乐读书吧

了出来。但后来，那个脑袋转了个方向，对着渔夫。渔夫这才看清楚，那不是人的脸，而是一只长着胡须的野兽的脸，它身上披着一层油亮亮的长着短毛的皮。它用一双发亮的眼睛直勾勾地盯着渔夫的脸，然后突然钻回水下，消失不见了。

> 对渔夫们捕猎海豹的行为，你持什么态度？

原来这是一只海豹。

这只海豹原本在冰下捕鱼，觉得水底的空气太闷了，所以将脑袋伸出冰面，呼吸一下新鲜空气。

冬季，在芬兰湾打鱼的渔夫们常常趁着海豹从冰窟窿里爬上来时打死它。

常常有许多海豹追逐着鱼儿游入涅瓦河。拉多加湖上也有许多海豹，那里甚至形成了真正的海豹捕猎业。

抛弃武器

森林里的勇士——驼鹿与公狍，失去了它们的武器。

驼鹿在森林里的大树上摩擦自己的双角，甩掉了这笨重的武器。

两只狼意外发现这位勇士失去了自己的武器，便想斗狠逞凶，袭击没有角的驼鹿。在它们眼中，对付一只没有角的驼鹿，是一件很轻松的事情。它们拟定了作战计划，一只狼从驼鹿前面进攻，另一只则在驼鹿的身后偷袭。

这场战斗很快就结束了。驼鹿用自己坚硬的前蹄，击碎了一只狼的头盖骨，接着，它瞬间转身踢出，又将另一只偷袭的

122

狼打倒在地。这只狼拖着伤痕累累的身体，灰溜溜地从对手身边溜走了。

现在，老驼鹿和狍子头上已经长出了新角。还没有完全长成的隆起物像两个小小的肉瘤，上面蒙着皮和蓬松柔软的毛。

这个结果真出人意料，两只狼居然斗不过一只没有角的驼鹿！

在冰盖下

要记挂着鱼儿。

鱼类整个冬季都在水下的深坑里睡觉，在它们上方，是一层厚厚的、无法击破的冰盖。在二月份，冬季快要结束的时候，常常会发生这种情况：池塘和森林的湖泊里，在冰盖下沉睡的鱼儿感到空气不足了。这时，它们会从睡梦中醒来，游到冰盖的下方，努力张开自己圆圆的嘴，希望能吸到几口新鲜的空气。

也许会有大量鱼类因缺乏空气而死，等到了春天，水里的冰都融化了，你高高兴兴地带着钓竿到湖边去钓鱼时，却发现湖里竟没有鱼上钩了。

这些景象都是我们的生活中可以见到的，把它们背下来，在以后的作文中也许可以用到。

若记挂着鱼儿，在池塘或湖泊的冰盖上凿出几个冰窟窿，让空气进入冰层下方的水里。这样，鱼儿就不会闷死了。

春天的预兆

现在的天气虽然还十分寒冷，但比起前两个月要好得多。虽然大地上的积雪依旧深厚，但不再像之前那样洁白耀眼，正逐渐变得暗淡、发黑，也不再堆积得十分细密，而是变得疏松了。屋檐上的积雪开始融化，融化的积水在屋檐上形成一个个细长的冰锥，一滴滴水滴沿着冰锥滴答滴答地降落在地上，在地面上打出一个个浅浅的水洼。

太阳出现得越来越频繁，开始为整个大地带来暖意。天空不再是一派灰蓝的冷淡色调，而是一天天变得蔚蓝。天空上的浮云也不再是灰蒙蒙的，变成了密密层层的洁白的巨大云团。

天空刚透出一丝光线，便有快乐的山雀叽叽喳喳地叫着，前来报信了。

"脱掉大衣，脱掉大衣！"

晚上，猫咪们在屋顶上叫嚷打斗，吵吵闹闹的，似乎在开音乐会和比武大会呢。

森林里也不再是一片寂静无声，偶尔能听见啄木鸟工作时发出的鼓点声。虽然那声音是啄木鸟用喙啄木头发出的，但我们依然可以把它看作是啄木鸟的歌声。

在森林深处——云杉和松树旁边的雪地上，被神秘人画

> 这个季节里，万物又有了哪些变化呢？用简洁的语言来概括一下：太阳频繁出现，天空变得蔚蓝，浮云巨大洁白，山雀……

上了许多奇怪的图案，令人费解。但若有猎人看到这些图案，一定会感到内心一阵激动，他们能认出这是雄松鸡用翅膀上坚硬的羽毛在春季雪面坚硬的冰层上画出的印记。这就表明，他们与松鸡的战斗，又快要开始了。

修理和新建

全城的鸟儿都在忙着修理和新建巢穴。

老乌鸦、寒鸦、麻雀和鸽子正忙着修理自己去年的巢。而去年新生的鸟儿们则在忙着为自己建筑新的巢穴。由于工程量大，对于建筑材料的需求也越来越多，包括：树的枝丫、麦秸、柔韧性较好的树枝、各种柔软的绒毛和羽毛。

都市交通新闻

街角的移动房子上，不知是谁做了一个标记。那是一个圆围着一个三角形，三角形中间画着两只雪白的鸽子的图案。

"当心鸽子！"

司机看到这个图案后，会在拐过街角时注意刹车，小心谨慎地绕过马路上的一大群灰色、白色、黑色、棕色的鸽子。儿童和其他行人则站在人行道上，用自己带来的谷粒或面包给这些鸽子喂食。

"当心鸽子！"这个汽车行驶标记，是小学生托尼娅·科尔金娜为了更好地保护鸽子，请求悬挂在那间房子上的。到现在，同样的标记悬挂在苏联的其他城市。同这里一样，无数的汽车在街上来往穿梭，而儿童和其他行人一边给鸽子喂食，一边观

赏着这些象征着和平的鸟儿。

爱鸟的人最光荣！

雪下的童年

雪下的童年，这个标题真耐人寻味。

外面正在解冻。我去取种花要用的种子的时候，顺便探望了我养鸟的园子。我在那里种了许多繁缕，因为金丝雀很喜欢吃这种鲜嫩多汁的植物的茎叶。

你们见过繁缕吗？就是长着油亮的叶子，开着小到几乎看不清楚的白色的花，茎总是彼此缠绕在一起的绿色植物。

它们一般紧靠着地面，你一时不注意，它们就覆盖了整个园子。

我在秋天播下了种子，但还是太迟了。它们虽然发芽了，但是还没长出苗，就被压在了雪下。我并不觉得它们能够捱过寒冷的冬天。

但是结果如何呢？今天我去看它们的时候，发现它们不仅没有被冻死，还长大了。它们现在已经不仅是幼苗，而是一株株绿色的植物了。有几株甚至还长出了花蕾。

这太令人惊讶了！这可是在冬季，在皑皑白雪下长大的新生命啊！

巧妙的捕兽器

猎人去林中捕猎，靠的不仅仅是手中的猎枪，还有各种各样的捕兽器。制作捕兽器并不容易，想要发明一个好的捕兽器，需要了解野兽的习性和其他相关知识。笨拙的猎人制作的捕兽器也是笨拙的，所以他往往一无所获，但一个聪明且有经验的猎人的捕兽器却往往能够抓到猎物。

不会制作捕兽器的猎人也可以买别人做好的捕兽器，但得学会放置它，这同样不简单。

首先，你得知道把捕兽器放在什么地方。捕兽器通常放在洞边，野兽聚集或许多野兽痕迹交错的地方。

其次，你得知道怎样准备和放置。如果你想捕捉貂和猞猁这类警惕心强的野兽，那么你得先把捕兽器放在针叶的汤水里煮，再在放置地点清掉一层雪，然后用戴手套的手放置捕兽器，接着在上面撒上刚刚清理掉的雪，用工具弄平。没有这些额外的措施，谨慎的野兽也许能闻到人或雪下的捕兽器的气味，从而躲开。

如果你想捕捉体形和力气较大的野兽，那么得把捕兽器和沉重的木头绑在一起，增加捕兽器的重量，避免野兽拖着捕兽器跑远。

如果你想放置带诱饵的捕兽器，就该明白野兽们爱吃什么。它们一般爱吃老鼠、肉，或鱼干。

> 放个捕兽器有这么多学问，似乎在炫耀人类的智慧，同时也能读出动物的机警。

熊洞边的又一次遭遇

赛索伊·赛索伊奇踏着滑雪板在一块长满青苔的大沼泽地

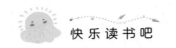

上穿行。这会儿正是二月底，地上铺着一层厚厚的积雪。

这是一大片孤林。赛索伊·赛索伊奇带着自己唯一的伙伴——莱卡狗佐里卡进了其中一座林子。赛索伊·赛索伊奇松开佐里卡的绳子，莱卡狗跑了出去，绕到树的后面，消失了。没多久，那里突然传出汹涌而激烈的狗叫声。赛索伊·赛索伊奇立刻明白，这是遇上熊了。

赛索伊·赛索伊奇这个小个子猎人很得意，因为他的猎枪是一把能装五发子弹的好枪。他连忙向佐里卡的方向奔去。

佐里卡所在的地方有一堆被风刮倒的树木，树木上堆满了厚厚的积雪。赛索伊·赛索伊奇看出这是熊的洞穴，立刻脱去脚上的滑雪板，将积雪踩硬、踩实，然后选好位置，准备射击。

很快，雪地里露出一个宽脑门的黑黑的熊脑袋，一双带着睡意的绿眼睛从熊洞口闪过。按照捕熊人的说法，熊这是在和人打招呼。

赛索伊·赛索伊奇知道，熊一旦看到猎人，就会躲起来，不弄出动静，然后突然从洞里钻出。所以他趁熊还没把头收回去就开了枪。

但他太注意速度，以致没有瞄得很精准，子弹只擦伤了熊的侧脸，而没有杀死熊。

熊从洞里跳了出来，向赛索伊·赛索伊奇扑去。赛索伊·赛索伊奇慌忙补了一枪，这一枪正中目标，熊被打倒了。

熊扑过来时，赛索伊·赛索伊奇倒不太害怕。但是当危险过去，他却感到一阵后怕，全身都瘫软了。他感到眼睛发昏，耳朵也嗡嗡直响，直到深吸了一口冰冷的空气，他才算是清醒过来。他知道自己刚刚经历了一场可怕的冒险。

所有人在和巨大的野兽正面搏斗后都会有这种感觉。佐里卡正在撕扯着死熊，却突然跳开了，又叫起来，向着那个树木堆的另一边冲过去。

赛索伊·赛索伊奇看了一眼，简直不敢相信自己的眼睛——那里又出现了一个熊脑袋。

但这个小个子猎人很快就镇定下来，抬起枪，仔细地瞄准，射击。这头熊也被杀死了。

几乎就在第二头熊被杀死的瞬间，第三头熊的脑袋也钻出了洞穴，而在它后面，还有第四头熊。赛索伊·赛索伊奇慌了，他感到恐惧，似乎所有的熊都聚集在这个熊洞里了。

他来不及细想，连续开了两枪，然后把子弹打完了的枪扔到了雪地里。这时，他发现自己开了第一枪后，所有的熊脑袋就都不见了，他的第二枪没有打中熊，反而打中了他唯一的伙伴——佐里卡。

他双腿发软，晕倒在雪地里。也不知道在那里躺了多久，醒来的时候，他感到鼻子有些疼，不知道什么东西在揪他的鼻子。他伸出手想去摸鼻子，却摸到了一个暖和的、毛茸茸的东西。他瞬间惊醒，睁开眼，正对上一双绿色的带着睡意的眼睛。

赛索伊·赛索伊奇呆呆地站了起来，想要跑出去，却摔了一跤，跌进了齐腰深的雪地里。

在无可奈何的情况下，他只好回头看去，发现刚刚揪他鼻子的是一只小熊崽儿。慢慢地，他弄清楚了自己历险的全部过程。

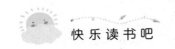

他最开始用两颗子弹打死的是一头母熊，除此之外，树木堆另一边还睡着一头三岁的雄性幼熊。幼熊夏天帮妈妈带弟弟妹妹，冬天就在它们附近冬眠。所以，在刚刚那堆树下面其实有两个熊洞，一个睡着母熊和两只小熊崽儿，另一个则睡着三岁的幼熊。

猎人晕倒的那段时间，幸存下来的一只小熊崽儿走到了熊妈妈身边，想吃妈妈的奶。它意外碰到了赛索伊·赛索伊奇的鼻子，于是把鼻子当成了妈妈的乳头，叼着吸了起来。

赛索伊·赛索伊奇挖了个坑，把佐里卡埋了，然后把小熊崽儿带回了家。

这只小熊崽儿十分温和有趣，非常依恋赛索伊·赛索伊奇这个失去了唯一伙伴的可怜人，他们两个从此一起生活。

一、选择

1. 按照森林历,春天是从哪天开始的?（　　）

　　A.一月一日

　　B.三月一日

　　C.三月二十一日

　　D.一月二十一日

2. 春天要做的第一件事情是什么?（　　）

　　A.解放大地

　　B.将河水从冰封中解放出来

　　C.装点森林

　　D.植树造林

3. 一年中白昼最长的那一天,北冰洋岛屿的白昼长达(　　)小时?

　　A.24 小时

　　B.23 小时

　　C.13 小时

　　D.15 小时

4. 大棕熊带着三个儿子洗澡时,那只一岁大的小熊充当另两只小

　　熊崽的(　　)角色。

　　A.父亲

　　B.哥哥

　　C.保姆

　　D.姐姐

5. 当火焰燃烧的范围已经不仅仅在地上,而是蹿到了空中,烧着了

一棵又一棵树时,如何扑灭山火?(　　)

A.飞奔找人救火,并对住在周围的人发出警报

B.折下一把新鲜的水分充足的枝叶,用尽全力抽打火苗

C.大声喊附近的朋友来帮忙,一起灭火

D.用铲子挖土,将土或草皮抛到火焰上,使火焰与空气隔绝

二、填空

1.《森林报》的作者是苏联著名儿童文学作家＿＿＿＿＿＿＿＿＿(人名),他既善于对自然进行细致地观察和如实地记录,又懂得把对自然的感受形象化、诗意化地表达出来, 从而形成了他作为一位＿＿＿＿＿＿＿＿＿＿＿＿＿的独特风格。

2. 作者教我们通过看羽毛的颜色来分辨交嘴雀的雌雄。橙色的是＿＿＿＿＿＿＿＿＿,绿色的则是＿＿＿＿＿＿＿＿＿。

3. ＿＿＿＿＿＿＿＿＿(动物)竟然在一月份的严寒天气里生仔,并且用自己的乳汁喂养它们到春季,但自己却在整个冬季里什么都不吃。

4. 森林中有一种小动物,无论是狐狸还是貂,都不会吃它。因为它身上一种强烈的臭味。它是＿＿＿＿＿＿＿＿＿。

5. 钻出冰窟窿的光滑的脑袋,原来是＿＿＿＿＿＿＿＿＿,它原本在冰下捕鱼,觉得水底的空气太闷了,所以将脑袋伸出冰面,来呼吸一下新鲜空气。

三、实践

1. 分辨这是哪种食用菇。

(1)粗壮厚实,肉质肥厚,伞盖的颜色比咖啡色更深,散发出一股让人闻了心情愉悦的气味,刚长出时像小线团,身上老是粘着东

西。   (   )

（2）很深的棕红色,老的差不多有一个碟子大,口感最肥实的是中
    等大小的,它的伞盖中央微微凹陷,边缘向上卷起。

                                                  (   )

（3）伞盖带点黄色,散发着微弱的光泽,伞柄更细、更长。

                                                  (   )

（4）蓝色中夹杂着一点绿色,伞面上有一圈圈纹路,像树桩上的年
    轮。   (   )

2.这个树枝上留下的犄角是什么动物的? 它为什么会被留着这里?

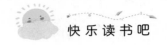
3. 请你看看这幅图, 然后推测这里发生了什么事情。

4.你从作者身上学到了哪些研究大自然的方法？请举例说明。

研究大自然的方法

5.试着把《森林报》这本书介绍给你们的小伙伴吧，推荐的时候可
以讲一讲其中最有趣的故事情节或者你最喜欢的动物、植物哦！

6. 请爸爸妈妈拍摄你阅读这本书时的美好场景，并把照片粘贴在下面的方框里。如果是爸爸妈妈和你一起阅读、讨论这本书的照片，那就更棒了！

（照片粘贴处）